세상에서 가장 쉬운 과학 수업

양자화학

세상에서 가장 쉬운 과학 수업

양자화학

초판 1쇄 인쇄 2025년 03월 17일
초판 1쇄 발행 2025년 04월 07일

지은이 정완상
펴낸이 이성림
펴낸곳 성림북스

책임편집 김종필
디자인 쏘울기획

출판등록 2014년 9월 3일 제25100-2014-000054호
주소 서울시 은평구 연서로3길 12-8, 502
대표전화 02-356-5762
팩스 02-356-5769
이메일 sunglimonebooks@naver.com

ISBN 979-11-93357-48-4 03400

* 책값은 뒤표지에 있습니다.

노벨상 수상자들의 오리지널 논문으로 배우는 과학

세상에서 가장 쉬운 과학 수업

양자화학

정완상 지음

고대 연금술에서 폴링의 양자화학까지

원자와 분자의 성질을 새롭게 밝힌 폴링의 양자화학 파헤치기

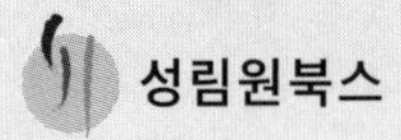

성림원북스

CONTENTS

세 번째 만남

루이스의 화학결합이론 / 089

네 번째 만남

오비탈이론 / 113

다섯 번째 만남

양자화학 / 149

만남에 덧붙여 / 183

과학을 처음 공부할 때 이런 책이 있었다면 얼마나 좋았을까

남순건(경희대학교 이과대학 물리학과 교수 및 전 부총장)

21세기를 20여 년 지낸 이 시점에서 세상은 또 엄청난 변화를 맞이하리라는 생각이 듭니다. 100년 전 찾아왔던 양자역학은 반도체, 레이저 등을 위시하여 나노의 세계를 인간이 이해하도록 하였고, 120년 전 아인슈타인에 의해 밝혀진 시간과 공간의 원리인 상대성이론은 이 광대한 우주가 어떤 모습으로 만들어져 왔고 앞으로 어떻게 진화할 것인가를 알게 해주었습니다. 게다가 우리가 사용하는 모든 에너지의 근원인 태양에너지를 핵융합을 통해 지구상에서 구현하려는 노력도 상대론에서 나오는 그 유명한 질량-에너지 공식이 있기에 조만간 성과가 있을 것이라 기대하게 되었습니다.

앞으로 올 22세기에는 어떤 세상이 펼쳐질지 매우 궁금합니다. 특히 인공지능의 한계가 과연 무엇일지, 또한 생로병사와 관련된 생명의 신비가 밝혀져 인간 사회를 어떻게 바꿀지, 우주에서는 어떤 신비로움이 기다리고 있는지, 우리는 불확실성이 가득한 미래를 향해 달려가고 있습니다. 이러한 불확실한 미래를 들여다보는 유리구슬 역할을 하는 것이 바로 과학적 원리들입니다.

지난 백여 년간 과학에서의 엄청난 발전들은 세상의 원리를 꿰뚫어보았던 과학자들의 통찰을 통해 우리에게 알려졌습니다. 이런 과학 발전을 가능하게 한 영웅들의 생생한 숨결을 직접 느끼려면 그들이 썼던 논문들을 경험해보는 것이 좋습니다. 그런데 어느 순간 일반인과 과학을 배우는 학생들은 물론, 그 분야에서 연구를 하는 과학자들마저 이런 숨결을 직접 경험하지 못하고 이를 소화해서 정리해놓은 교과서나 서적들을 통해서만 접하고 있습니다. 창의적인 생각의 흐름을 직접 접하는 것은 그런 생각을 했던 과학자들의 어깨 위에서 더 멀리 바라보고 새로운 발견을 하고자 하는 사람들에게 매우 중요합니다.

저자인 정완상 교수가 새로운 시도로써 이러한 숨결을 우리에게 전해주려 한다고 하여 그의 30년 지기인 저는 매우 기뻤습니다. 그는 대학원생 때부터 당시 혁명기를 지나면서 폭발적인 발전을 하고 있던 끈 이론을 위시한 이론물리학 분야에서 가장 많은 논문을 썼던 사람입니다. 그리고 그러한 에너지가 일반인들과 과학도들을 위한 그의 수많은 서적을 통해 이미 잘 알려져 있습니다. 저자는 이번에 아주 새로운 시도를 하고 있고 이는 어쩌면 우리에게 꼭 필요했던 것일 수 있습니다. 대화체로 과학의 역사와 배경을 매우 재미있게 설명하고, 그 배경 뒤에 나왔던 과학 영웅들의 오리지널 논문들을 풀어간 것입니다. 과학사를 들려주는 책들은 많이 있으나 이처럼 일반인과 과학도의 입장에서 질문하고 이해하는 생각의 흐름을 따라 설명한 책은 없습니다. 게다가 이런 준비를 마친 후에 아인슈타인 같은 영웅들의 논문을 원래의 방식과 표기를 통해 설명하는 부분은 오랫동안 과학을 연구해온 과학자에게도 도움을 줍니다.

이 책을 읽는 독자들은 복 받은 분들일 것이 분명합니다. 제가 과학을 처음 공부할 때 이런 책이 있었다면 얼마나 좋았을까 하는 생각이 듭니다. 정완상 교수는 이제 새로운 형태의 시리즈를 시작하고 있습니다. 독보적인 필력과 독자에게 다가가는 그의 친밀성이 이 시리즈를 통해 재미있고 유익한 과학으로 전해지길 바랍니다. 그리하여 과학을 멀리하는 21세기의 한국인들에게 과학에 대한 붐이 일기를 기대합니다. 22세기를 준비해야 하는 우리에게는 이런 붐이 꼭 있어야 하기 때문입니다.

대한민국이 양자기술 강국이 되기 위한 초석이 되는 책

김정훈(연세대학교 공과대학 화공생명공학과 교수)

'노벨상 수상자들의 오리지널 논문으로 배우는 과학' 시리즈 중 하나인 이 책은 양자화학으로 노벨화학상을 수상한 폴링의 논문을 중심으로 역사적 내용뿐만 아니라 핵심적인 내용을 쉽게 정리한 책입니다. 양자는 자연현상을 이해하고 새로운 기술을 개발해 삶을 풍요롭게 하기 위해 필요한 매우 중요한 개념입니다. 예를 들면, 양자점(quantum dot)을 이용한 QLED(Quantum dot Light Emitting Diodes) TV나 유기소재를 이용한 OLED(Organic Light Emitting Diodes) TV는 양자역학과 양자화학을 기반으로 연구개발한 소재 및 기술을 이용해 만든 것들입니다. 이 제품들은 낮은 에너지 소비, 초고화질, 높은 밝기, 우수한 색 재현력 등의 장점이 있고 대한민국이 세계에서 잘 만드는 고성능 전자제품입니다. 이러한 기술은 브라운관 TV를 사용하던 시절에는 생각하지도 못했던 혁신적인 기술입니다.

이 책은 연금술, 산과 염기, 원자와 분자 등 매우 기초적인 내용으로 시작하여 유기물질, 원자가, 방향족 육각고리 등 유기화학에 대해 쉽게 설명하고 때에 따라서는 전문적인 내용과 수식도 포함하고 있습니다. 대학에서 유기화학을 가르치고 있는 저도 매우 재미있게 읽게 되었습니다. 이 책은 화학을 처음 접하기 시작하는 중학생부터, 고등학생, 대학생, 과학계 종사자까지 많은 사람들이 읽을 수 있는 내용을 담고 있습니다. 특히, 화학에 흥미를 가지기 시작하는 학생들에게 좋은 책이 될 것입니다. 대화체로 되어 있어서 쉽고 재밌게 읽을 수 있고, 화학의 개념을 보다 쉽게 이해하도록 그림과 예시를 들어 설명하여 저자가 매우 신경을 써서 집필했다고 생각합니다. 《세상에서 가장 쉬운 과학 수업 : 양자혁명》과 함께 읽으면 더 좋을 것 같습니다.

대한민국의 12대 국가전략기술 중 하나로 양자과학기술이 지정되고 국가의 미래 기술로 많은 투자와 연구가 이루어지고 있는 시점에서 이 책은 대한민국의 과학도를 포함한 국민들에게 매우 유용한 책입니다. 대한민국이 양자기술 강국이 되기를 기원합니다.

천재 과학자들의 오리지널 논문을 이해하게 되길 바라며

저는 2004년부터 지금까지 주로 초등학생을 위한 과학, 수학 도서를 써왔습니다. 초등학생을 위한 책을 쓰면서 즐거웠지만 한편으로 수학을 사용하지 못하는 점이 아쉬웠습니다. 그래서 일반인을 대상으로 수식을 사용하는 과학책을 써 볼 기회가 저에게도 주어지기를 희망해 왔습니다.

저는 1992년 KAIST(한국과학기술원)에서 이론물리학의 한 주제인 〈초중력이론〉으로 박사학위를 받고, 운 좋게도 1992년 30세의 나이에 교수가 되어 현재까지 경상국립대학교 물리학과에서 교수로 근무하고 있습니다. 저는 매년 20여 편 이상의 논문을 수학이나 물리학의 세계적인 학술지(SCI 저널)에 게재합니다. 여가시간에는 취미로 집필활동을 합니다.

그동안 일반인 대상의 과학서적들은 일반인 독자들도 수식에 부담을 느낄까 봐 수식을 너무 피해 가는 것 아닌가 하는 생각이 들었습니다. 저는 일반인 독자들의 수준도 많이 높아졌고, 그들도 천재 과학자들의 오리지널 논문을 이해하면서 앞으로 도래할 양자(퀀텀)의 시대와 우주 여행의 시대를 멋지게 맞이할 수 있도록 도움을 주는 책이 필요하다고 생각해 이 시리즈를 기획해 보았습니다.

이 시리즈는 많은 일반인들에게 도움을 줄 수 있다고 생각합니다.

제가 생각하는 일반인들은 선행학습을 통해 고교수학을 알고 있는 초중등 과학영재, 현재 고등학생이면서 이론물리학자가 꿈인 학생, 현재 이공계열 대학생으로 양자역학과 상대성이론을 좀 더 알고 싶어 하는 사람, 아이들에게 위대한 물리 논문을 소개해 주고 싶어 하는 초중고 과학선생님들, 전기전자 소자, 반도체, 양자 관련 소자나 양자암호시스템 분야의 일에 종사하는 직장인, 우주항공 계통의 일에 종사하는 직장인, 양자역학이나 상대성이론을 반영해 '인터스텔라'를 능가하는 영화를 만들고 싶어 하는 영화제작자 등입니다.

저는 이 책에서 고등학교 수학 수준의 수식을 이해하는 일반인들에게 초점을 맞추었습니다. 물론 이 시리즈의 논문에는 고등학교 수학을 넘어서는 수학도 사용되지만 고등학교 수학만 알면 이해할 수 있도록 쉽게 설명했습니다.

이 책에서 저는 화학결합에 대한 20세기의 두 논문(1916년 루이스, 1931년 폴링)을 다루었습니다. 이 책을 쓰기 위해 이 논문을 수십 번 읽고 또 읽고, 어떻게 이 어려운 논문을 일반인들에게 알기 쉽게 설명할지 숱하게 고민했습니다.

이 두 논문을 처음 접하는 독자들을 위해 우선 화학반응의 역사를 살펴보았습니다. 그리고 유기화학의 역사 역시 살펴보았습니다. 그 다음으로 분석화학의 역사도 다루어 보았습니다.

양자역학을 전혀 사용하지 않고 화학결합을 설명한 1916년 루이스의 논문을 자세히 다루어 보았습니다. 이 내용은 여러분들이 고등학교 화학시간에 많이 배운 공유결합의 내용입니다.

다음으로는 양자역학을 화학에 접목한 폴링의 연구를 살피기 위해 양자역학의 역사를 간략하게 소개했습니다. 이 역사를 소개하며 오비탈 이론과 관련된 이야기와 오비탈을 그리는 방법을 설명했습니다. 마지막으로 양자화학의 창시자인 폴링의 일대기를 소개하며, 그가 양자역학으로 화학결합을 설명하는 데 얼마나 중요한 기여를 했는지를 알아보았습니다.

일반인들은 과학, 특히 물리학 하면 넘사벽이라고 생각하겠지요. 제가 외국 사람들과 만나서 얘기할 때마다 느끼는 점은, 그들은 고등학생 때까지 과학을 너무 재미있게 배웠다고 하더군요. 그래서인지 과학에 대해 상당히 많이 알고 있는 일반인들이 많았습니다. 그래서 노벨과학상도 많이 나오는 게 아닐까 생각해요. 우리는 노벨과학상 수상자가 한 명도 없는 나라입니다. 이제 일반인의 과학 수준을 높여 노벨과학상 수상자가 매년 나오는 나라가 되길 바라는 게 제 소망입니다. 일반인들의 과학 수준이 높아지면 교수들이 연구를 게을리하는 일은 없어지지 않을까요?

끝으로 용기를 내서 이 책의 출간을 결정해 준 성림원북스의 이성림 사장과 직원들에게 감사를 드립니다. 이 책의 초고를 완성했을 때, 이 책에 수식이 많아 출판사들이 꺼릴 것 같다는 생각을 많이 가졌습니다. 성림원북스를 시작으로 몇 군데 출판사에 출판을 의뢰한 후 거절당하면 블로그에 올릴 생각으로 글을 써내려 갔습니다. 놀랍게도 첫 번째로 이 원고의 이야기를 나눈 성림원북스에서 이 책의 출간을 결정해 주어서 이 책이 나올 수 있게 되었습니다. 이 책을 쓰는 데 필요한 프랑스 논문의 번역을 도와준 아내에게도 감사를 드립니다. 그리고 이 책을 쓸 수 있도록 멋진 논문을 발표한 고(故) 라이너스 폴링 박사님에게도 감사를 드립니다.

진주에서 정완상 교수

폴링 박사의 1931년 논문이 일으킨 파장

_ 허쉬바흐 박사 깜짝 인터뷰

양자화학의 창시자 폴링

기자 오늘은 1954년 노벨화학상을 수상한 라이너스 폴링 박사님의 이야기를 들려주기 위해, 1986년 화학반응 연구로 노벨화학상을 수상한 허쉬바흐 박사님과 인터뷰를 진행합니다. 허쉬바흐 박사님, 나와 주셔서 감사합니다.

허쉬바흐 화학자들의 영웅인 폴링 박사님에 관한 인터뷰라 기쁜 마음으로 달려왔습니다.

기자 폴링 박사님은 양자화학의 창시자라고 하는데, 양자화학이란 뭐죠?

허쉬바흐 양자화학은 양자역학의 원리를 이용하여 원자나 분자의 물리적·화학적 성질을 설명하는 화학의 한 분야입니다. 화학결합, 분자 구조, 분광학적 성질, 화학반응 등을 이해하는 것을 목적으로 합니다. 1900년부터 1930년까지 물리학자들은 뉴턴 물리학의 문제점을 발견하고 양자의 개념을 탄생시켜 양자역학이라는 새로운 물리학을 만들었습니다. 이 사이 화학자들은 화학결합을 고전 과학에 기초하여 다루었지요. 그런데 폴링 박사님은 양자역학을 완벽하게 이해해서 이를 화학결합이론에 적용할 수 있다는 것을 알아낸 겁니다. 이때부터 화학자들도 양자역학을 공부해야 했지요. 그래서 폴링 박사님을 양자화학의 창시자라고 부릅니다.

기자 그렇군요.

루이스의 화학결합이론

기자 폴링 박사님의 논문이 나오기 전에 1916년 루이스라는 화학자가 화학결합이론을 만들었다고 하는데 그 내용은 뭐죠?

허쉬바흐 루이스의 화학결합이론은 주로 공유결합을 설명합니다. 전자가 발견되고 전자가 원자핵 주위를 돈다는 내용이 알려지면서, 루이스는 핵 주위를 도는 전자들 중에서 가장 바깥쪽에 있는 전자들에 관심을 가졌지요. 이 전자들을 가전자라고 하는데, 이 전자들이 공유결합에서는 아주 중요한 역할을 합니다. 루이스는 가전자의 공유를 이용해 산소 원자 두 개가 산소 분자를 만드는 결합에 대해 잘 설명했지요. 루이스의 이론은 훗날 폴링 박사님의 연구에 큰 도움이 되었습니다.

기자 그렇군요.

폴링의 1931년 논문 개요

기자 폴링 박사님의 1931년 논문에는 어떤 내용이 담겨 있나요?

허쉬바흐 폴링 박사님은 1931년에 화학결합을 양자역학으로 묘사하는 첫 논문을 발표합니다. 폴링 박사님 역시 공유결합에서 가전자의 중요성을 알고 있었지요. 루이스와 달리 폴링 박사님은 전자가 양자역학의 슈뢰딩거 방정식을 만족하는 파동함수로 묘사된다고 생각했습니다. 박사님은 복잡한 슈뢰딩거 방정식을 풀어서 여러 가지 화합물들의 화학결합 구조에 대해 완벽하게 설명할 수 있었습니다. 특히 첫 번째 논문에서 폴링 박사님은 탄소 원자 하나와 수소 원자 4개로 이루어진 메테인 분자의 구조를 양자역학적으로 설명했지요.

기자 화학과 양자역학의 첫 만남이군요.

허쉬바흐 그렇습니다. 폴링 박사님은 이후에도 다양한 분자들에 대해 원자들이 어떻게 결합되는지를 양자역학적으로 잘 설명했습니다. 이것이 폴링 박사님 논문의 주요내용입니다.

기자 그렇군요.

폴링의 1931년 논문이 일으킨 파장

기자 폴링 박사님의 1931년 논문은 어떤 변화를 일으켰나요?

허쉬바흐 이 논문 이후 양자화학이라는 화학의 새로운 분야가 탄생합니다. 그리고 이때부터 화학과 학생들도 학부 때 양자역학을 배우게 됩니다. 양자화학의 탄생으로 화학자들도 양자의 세계에 발을 들여놓게 됩니다. 이것이 폴링 박사님의 논문이 일으킨 가장 큰 변화라고 볼 수 있지요.

기자 엄청나게 중요한 역할을 했군요. 폴링 박사님은 노벨상을 두 번 수상했다고 하는데요?

허쉬바흐 맞습니다. 폴링 박사님은 노벨화학상뿐만 아니라 노벨평화상도 수상했습니다.

기자 어떤 업적으로 노벨평화상을 탔나요?

허쉬바흐 네. 폴링 박사님은 핵무기 실험의 종식뿐만 아니라 전쟁 자체의 종식을 촉구하면서 세계 평화 연구 기구를 설립하자고 제안하며, 그와 뜻을 같이하는 사람들을 모아 적극적으로 활동했습니다. 이 업적으로 폴링 박사님은 1963년 노벨평화상을 수상했지요.

기자 그렇군요. 지금까지 폴링 박사님의 양자화학 논문에 대해 허쉬바흐 박사님의 이야기를 들어보았습니다.

첫 번째 만남

●

화학의 역사

연금술과 화학의 태동 _ 연금술로 인해 발전한 화학

정교수 이번 책은 폴링의 화학결합이론에 대해 다룰 거야. 폴링의 논문을 이해하려면 먼저 화학의 역사를 조금 살펴봐야 해.

화학군 화학의 역사는 고대 그리스에서 시작되었죠?

정교수 맞아. 고대 그리스의 엠페도클레스(기원전 490년경~430년경)와 아리스토텔레스(기원전 384~322년)가 주장한 4원소설에서 화학이 시작되지.

화학군 4원소는 물, 불, 흙, 공기라는 것은 알고 있어요.

정교수 사람들은 4원소가 가장 아름다운 비율로 섞여 있는 것이 금이라고 생각했지. 그래서 사람들은 금이 아닌 물질로 금을 만들려는 시도를 했어. 이 기술을 연금술이라고 불러.

1595년경 연금술사 하인리히 쿤라드의 실험실

화학의 역사는 연금술에서 시작되었어. 연금술은 아랍어로 'alkīmiyā'라고 하는데 여기서 'al-'은 영어의 정관사 'the'를 의미하지. 이 아랍어는 중세 시대 라틴어 'alchymia'로 사용되다가 고대 프랑스어 'alquemie', 'alkimie' 등으로 사용되었고, 영어로 'alchemy'가 되었지. 화학을 나타내는 영어 단어인 'chemistry'는 바로 연금술이라는 단어에서 유래한 거야. 연금술은 금이 아닌 물질로 금을 만드는 기술을 말해. 연금술을 하는 사람을 연금술사라고 불러.

화학군 화학이 연금술에서 나왔다는 건 처음 알았어요.

정교수 연금술사들은 금을 만드는 데는 실패했지만 여러 가지 화학 반응을 알아내는 데 크게 공헌했어. 그로 인해 화학이 발전할 수 있게 되었지.

산과 염기의 발견 _ 리트머스 시험지의 발명

정교수 이제 산과 알칼리에 대한 역사를 알아볼까?

기원전의 그리스 사람들은 산과 염기의 성질을 막연하게만 이해했다. 그들은 화합물을 구별하기 위해 다양한 테스트를 했다. 그중 하나는 미각 실험인데 신맛, 쓴맛, 짠맛, 단맛에 따라 물질을 구분했다. 그리스의 영향력이 약해지고 그들의 지식이 로마인들에게 전해지면서, 그들은 식초나 레몬주스와 같은 신맛이 나는 물질을 산(acid)이라고 부르기 시작했다. 산(acid)이라는 단어는 '신맛'을 뜻하는 라틴어 'acere'에서 파생되었다. 반대로 염기(base)는 산을 중화시키는 물질로 인식되었지만 이 시기에 염기에 대해 제대로 연구하지는 않았다. 염기는 알칼리라고도 부르는데, 아랍어로 '굽다'라는 뜻의 '알칼리(alkali)'에서 비롯되었다.

과학이 이슬람 황금 시대와 르네상스 시대를 거치면서 발전함에 따라 연금술사들은 산에 대해 더 많이 이해하기 시작했고, 강한 산성 용액이 금속을 부식시키고 암석을 녹일 수 있음을 발견했다. 중세 시대의 연금술사들은 소다(탄산나트륨), 탄산칼륨, 염산, 황산, 아세트산, 구연산과 같은 산성 물질과 암모니아수나 수산화나트륨과 같은 염기성 물질을 사용했다.

이슬람 연금술의 황금기에 가장 유명한 연금술사는 아부 무사 자비르 이븐 하이얀이었다.

아부 무사 자비르 이븐 하이얀(721~815년)

자비르는 페르시아의 호라산 지역에 위치한 투스(Tus)에서 태어났다. 자비르의 아버지는 이라크의 쿠파 지역에서 약제사로 일했다. 아버지가 약제사였기 때문에 자브르는 자연스럽게 연금술과 화학에 많은 관심을 갖게 되었다. 자비르는 예멘의 하르비 알 히므야리 밑에서 연금술, 약학, 철학, 천문학 등 다양한 학문을 공부했다.

자비르는 연금술의 창시자라 불릴 정도로 연금술을 집대성하였으며 연금술에 관한 수많은 책을 썼다. 그는 약 3,000여 권에 달하는 많은 학술 논문과 저서들을 남겼는데, 그 가운데 철학 분야의 저술서 약 300여 권, 기계 장치 설계에 관한 저술서 1,300여 권 그리고 연금술 및 화학 관련 저술서를 수백 권 남겼다.

현재 자비르의 화학 관련 연구 저서들은 일부만 번역되어 출판되었고 대부분은 아랍어로만 보존되어 있는 상태다. '자비르 전집(Corpus Jabirianum)'에는 《커다란 자비의 책》, 《112권의 서적들》, 《70의 책(Kitab al-Sabe'en)》, 《균형의 서책들(Kutub al-Mawazin)》, 《500의 책(Kitab al-Khams Mi'a)》 등과 같은 저서들이 포함되어 있다. 이 책들 중 상당수가 중세 시대에 라틴어로 번역되었다. 그 밖의 자비르의 주요 저서로는 연금술 서적의 백미로 칭송받는 《금성에 관한 책》이 있다. 한편 《화학의 서》와 《70의 책》은 라틴어를 비롯한 다양한 유럽의 언어로 번역되었다. 하지만 이처럼 자비르가 수많은 책을 썼는데도 현재 편집되어 출판한 책은 《커다란 자비의 책》, 《집대성의 서》, 《동방의 수성》, 《왕국의 서》, 《균형의 서책들》 등 5권에 불과하다.

자비르는 금속정제, 철의 제련, 천과 피혁의 염색법, 천의 방수와 철의 부식 방지를 위한 광택제, 이산화망간을 이용한 유리 제조법, 아세트산 농축을 위한 식초의 증류법 등 다양한 연구성과를 냈다. 또한 그는 염산을 처음 제조했다.

화학군 산은 모든 금속을 녹인다는 걸 들은 적 있어요.

정교수 모든 금속을 녹이지는 못해. 금이나 백금은 산에 녹지 않거든.

화학군 금이나 백금은 무엇으로 녹이죠?

정교수 질산과 염산의 혼합물인 왕수로 녹일 수 있어.

백금이 왕수 속에서 녹으면서 기포를 만들어내는 모습

정교수 왕수와 관련된 재미있는 일화가 있어.

화학군 뭐죠?

정교수 2차 세계대전 당시 독일이 덴마크를 침공했을 때, 헝가리의 화학자 게오르크 헤베시는 노벨물리학상을 받은 독일인들인 막스 폰 라우에와 제임스 프랑크의 노벨상 메달을 왕수에 녹여서 나치가 압수하는 것을 막았어. 당시 독일 정부는 1935년에 감옥에 있던 평화 운동가 카를 폰 오시에츠키가 노벨상을 받게 된 이후, 독일인들이 노벨상을 받거나 받은 것을 가지고 있는 것을 전면 금지했지. 헤베시는 노벨상 메달을 녹인 용액을 닐스 보어 연구소에 있는 자신의 시약 선반에 보관했고, 백 개가량 되는 일반 화학 시약병 중 하나에 노벨상 메달을 녹인 용액이 들어 있을 것이라고는 생각하지 못한 나치 병사들의 검열을 피할 수 있었어. 전쟁이 끝난 후 헤베시는 자기 연구실에 돌아와 라우에와 프랑크의 노벨상 메달을 녹여놓은 용액이 무사히 남아 있는 것을 확인하고, 금을 용액으로부터 추출해냈어. 추출된 금은 왕립 스웨덴 과학 아카데미와 노벨 재단에 보내졌고, 다시 메달로 주조되어 라우에와 프랑크에게 돌아갔지.

화학군 재미있는 일화네요. 그런데 산과 염기를 구별하는 리트머스 시험지는 누가 발견했죠?

정교수 1300년경에 연금술사 드 빌라 노바가 산과 염기를 연구하기 위해 리트머스 이끼를 사용하기 시작했어.

드 빌라 노바(1240~1311년)

드 빌라 노바가 태어난 곳은 정확하게 알려져 있지 않다. 그는 1260년까지 프랑스 몽펠리에에서 의학을 공부했다. 그는 프랑스, 카탈루냐, 이탈리아를 여행하며 의사로 지내다가 1281

년부터 아라곤 왕의 개인 의사로 활동했다. 1285년 아라곤 왕국의 표트르 3세가 사망하자 그는 바르셀로나를 떠나 몽펠리에 의과대학에서 학생들을 가르쳤다.

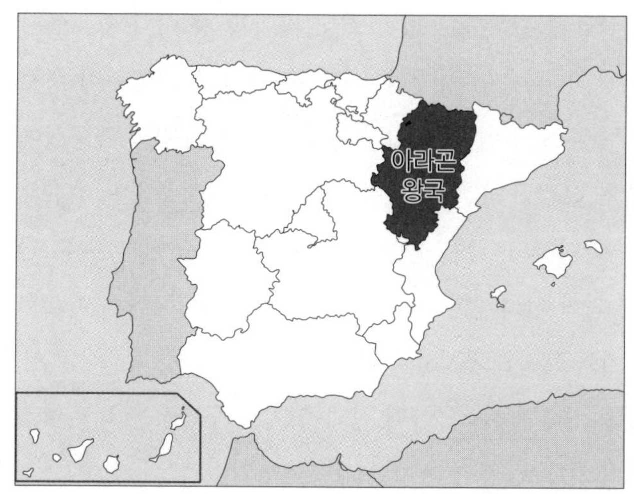

아라곤 왕국

드 빌라 노바는 1291년에서 1299년 사이에 파리 의과대학에 있으면서 명성을 드높였다. 그의 환자들 중에는 세 명의 교황과 세 명의 왕이 있었다. 또한 그는 알코올을 소독약으로 사용한 최초의 의사였다.

드 빌라 노바는 1378년에 세상이 멸망하고 적그리스도가 올 것이라고 주장했다. 그는 1299년 유죄 판결을 받고 이단으로 기소되어 투옥되었다. 다행히 그가 치료했던 보니파시오 8세의 도움으로 풀려났다. 하지만 그는 1304년경 교황 베네딕토 11세에 의해 파리에서 다시 투옥되었다. 그리고 소르본대학은 그의 철학적 저작물들을 불태우라고 명령했다.

화학의 역사에서 드 빌라 노바는 리트머스 시험지의 발명자로 유명하다. 그는 1300년경 지의류 리트머스 이끼로 산성도를 최초로 실험했다.

지의류

드 빌라 노바는 리트머스 이끼에서 추출한 용액에 담갔다가 말린 종이에 산이나 염기를 넣으면 색이 변한다는 것을 발견했다. 훗날 로버트 보일(1627~1691년)은 이 종이로 산성과 염기성을 확인할 수 있는 시험지를 만들었는데, 그것을 리트머스 시험지라고 부른다.

리트머스 시험지는 빨간색과 파란색이 있는데, 빨간색은 염기성인 물질에 반응하여 파란색으로, 파란색은 산성인 물질에 반응하여 빨간색으로 변한다. 이를 통해 해당 물질의 산과 염기를 구별할 수 있다.

리트머스 시험지

화학군 리트머스 시험지는 리트머스 이끼에서 추출한 용액으로 만든 종이군요.

정교수 맞아.

라부아지에의 화학 혁명 _《화학명명법》과 《화학개론》

정교수 산과 염기에 대한 이론을 더욱 발전시킨 사람은 프랑스의 라부아지에(1743~1794년)야.

산소는 1766년 영국의 캐번디시(1731~1810년)가, 질소는 1772년 스코틀랜드의 의사 러더퍼드(1749~1819년)가, 산소는 1774년 프리스틀리(1733~1804년)가 발견했다. 산소(Oxygen)라는 말을 처음 사용한 사람은 라부아지에였다. 라부아지에는 산소가 산을 만드는 물질이라는 의미로 산소라는 이름을 붙였다. 라부아지에는 공기가 질소와 산소로 이루어져 있어서 눈에 보이지 않는다는 것을 알아냈다.

1766년 라부아지에는 금속과 산의 반응에서 수소가 나온다는 것을 알아냈다.

금속 + 산 → 염 + 산소

예를 들어 아연(Zn)과 황산(H_2SO_4)의 반응을 지금의 화학 기호로 쓰면

$$Zn + H_2SO_4 \rightarrow ZnSO_4 + H_2$$

가 되는데, 이때 황산아연($ZnSO_4$)은 염을 H_2는 수소를 나타낸다.

라부아지에는 이러한 화학반응에서 SO_4는 황과 산소로 이루어져 있지만 하나의 원소인 것처럼 반응하는데, 이것을 라디칼(radical)이라고 불렀다.

라부아지에는 또한 화학 원소명을 올바르게 사용하는 운동을 벌였다. 그 전에는 알가로트 분말, 황의 간, 비소 버터와 같은 연금술사들의 용어를 사용했는데, 라부아지에는 이를 바로잡아야 한다고 생각했다. 라부아지에는 1787년 드 모르부, 베르톨레, 푸르크르와 함께 《화학명명법》이라는 책을 썼다.

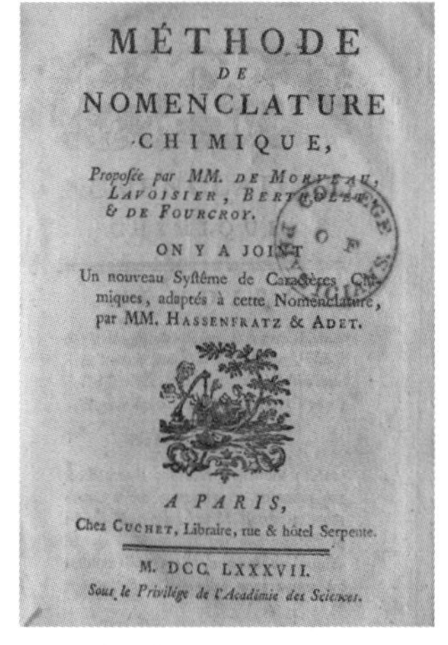

MÉTHODE
DE
NOMENCLATURE
CHIMIQUE,
Proposée par MM. DE MORVEAU, LAVOISIER, BERTHOLLET & DE FOURCROY.
ON Y A JOINT
Un nouveau Syſtême de Caractères Chimiques, adaptés à cette Nomenclature, par MM. HASSENFRATZ & ADET.
A PARIS,
Chez CUCHET, Libraire, rue & hôtel Serpente.
M. DCC. LXXXVII.
Sous le Privilége de l'Académie des Sciences.

《화학명명법》의 표지

화학군 라부아지에의 화학명명법은 오늘날 우리가 사용하는 원소명과 같나요?

정교수 물론이지. 라부아지에는 연금술사가 사용했던 용어인 황산염 기름을 황산이라는 원소명으로 바꾸었고, 황산이 금속과 반응하여 만들어진 염은 황산염이라고 불렀는데, 현대 화학에서 사용하는 원소명이 되었지.

라부아지에는 완벽한 화학교과서를 집필하는 일에도 몰두했다. 그는 1789년에 《화학개론》이라는 책을 출간했다.

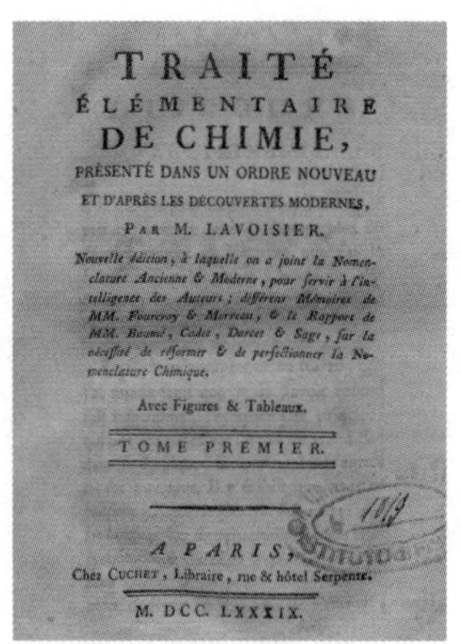
TRAITÉ
ÉLÉMENTAIRE
DE CHIMIE,
PRÉSENTÉ DANS UN ORDRE NOUVEAU
ET D'APRÈS LES DÉCOUVERTES MODERNES,
PAR M. LAVOISIER.

Nouvelle édition, à laquelle on a joint la Nomenclature Ancienne & Moderne, pour servir à l'intelligence des Auteurs; différens Mémoires de MM. Fourcroy & Morveau, & le Rapport de MM. Baumé, Cadet, Darcet & Sage, sur la nécessité de réformer & de perfectionner la Nomenclature Chimique.

Avec Figures & Tableaux.

TOME PREMIER.

A PARIS,
Chez CUCHET, Libraire, rue & hôtel Serpente.
M. DCC. LXXXIX.

《화학개론》의 표지

이 책은 3부로 되어 있다. 1부에서는 기체의 연소와 산의 생성에 대한 내용을 담고 있고, 2부에서는 두 가지 원소가 만드는 염에 대한 내용을, 3부에서는 화학실험장치의 작동법에 대해 소개했다. 이 책에서 라부아지에는 오랫동안 화학을 지배해 온 4원소론을 거부했다.

자연계의 모든 물질이 네 가지 원소로 이루어져 있다는 것은 단순한 가정에 불과하다. 모든 진실은 실험을 통해 밝혀져야 한다.

–라부아지에

하지만 이 책에서 라부아지에는 모든 산은 산소를 포함해야 한다고 주장하는 오류를 범했다.

화학군 산소가 없는 산도 있나요?

정교수 물론이지. 염산을 보자. 염산의 화학식은 HCl이고, 수소와 염소로만 이루어져 있지. 하지만 라부아지에는 1774년 셸레가 발견한 염산 속에 산소가 들어 있다고 생각했어. 라부아지에의 말대로라면 염산은 수소와 염산 라디칼의 화합물이지. 하지만 이러한 생각이 옳지 않다는 것이 1809년 게이뤼삭(1778~1850년)과 테나드(1777~1857년)에 의해 밝혀졌고, 모든 산이 산소를 가지고 있지는 않다는 것을 알게 되었지.

라부아지에 이후의 화학 _ 염색의 원리와 원소의 반응을 밝힌 베르톨레

정교수 이제 라부아지에 이후의 화학의 역사를 알아보자. 프랑스는 1794년 에콜 폴리테크니크를 세워서 과학 교육을 장려하기 시작했어.

에콜 폴리테크니크

나폴레옹이 1804년에 황제가 된 이후 그의 과학 사랑은 다른 나라에서는 상상할 수 없을 정도로 대단했다.

라부아지에가 사망한 후에 프랑스 과학을 이끈 사람은 베르톨레(1748~1822년)였다.

베르톨레

베르톨레는 1748년 프랑스 탈루아르에서 태어났다. 그는 토리노에서 의대를 졸업해 1772년 파리의 오를레앙 공 필리프의 주치의가 되었다. 1785년 그는 라부아지에 학파의 일원이 되었고, 1786년에는 셸레가 발견한 염소가 표백제로 효과가 있다는 사실을 발견했다. 1798년 베르톨레는 나폴레옹의 이집트 원정에 동행했다.

이집트에서 베르톨레는 소금호수에서 탄산나트륨과 염화칼슘이 생기는 것을 발견하고, 이것이 석회석($CaCO_3$)과 바닷물 속의 염화나트륨(NaCl)이 만나서 생긴 반응이라는 것을 알아냈다.

$$2NaCl + CaCO_3 \rightarrow Na_2CO_3 + CaCl_2$$

베르톨레는 프랑스 혁명 초기에 초석(질산칼슘)이 부족해 심각한 문제가 발생하자 화약 제작 위원회를 이끌어 프랑스에서 초석 생산을 늘리기 위해 많은 노력을 하였다. 그는 염색의 원리에 대한 체계적인 설명을 제시한 책인 《염색 기법의 요소들(Élémens de l'art de lateinture)》을 1791년에 출판했다. 1794년에 그는 농업국 국장과 에에콜 폴리테크니크 교수가 되었고, 1795년에는 아카데미를 국립학술원으로 재건하는 데 공헌했다.

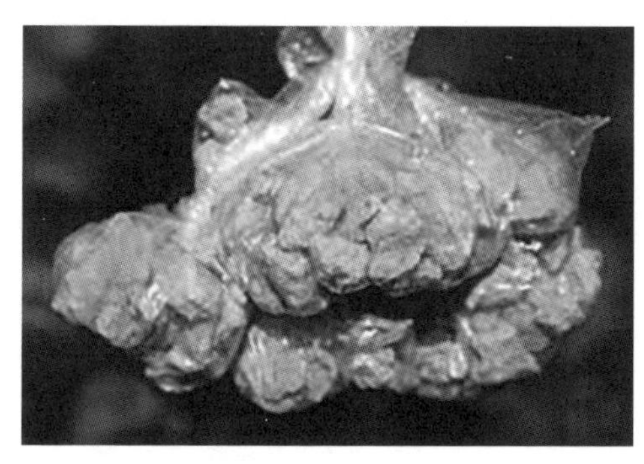
초석

베르톨레는 화학 반응에서 원소는 모든 비율로 반응할 수 있다고 주장하였고, 이는 프루스트와의 논쟁을 통해 일정 성분비의 법칙을 정립하는 데 기여했다. 베르톨레의 가장 유명한 저서는 1803년 출간된 《평형화학 소론(Essai de statique chimique)》이다. 그는 이 책에서 물리화학적 문제들을 체계적으로 해결하고자 노력했다.

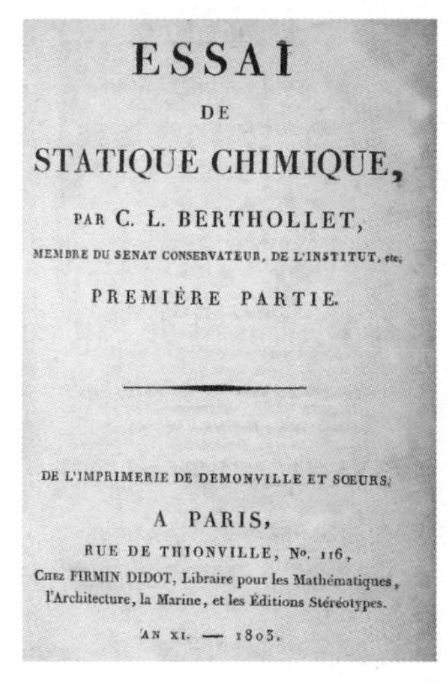
ESSAI
DE
STATIQUE CHIMIQUE,
PAR C. L. BERTHOLLET,
MEMBRE DU SENAT CONSERVATEUR, DE L'INSTITUT, etc;
PREMIÈRE PARTIE.

DE L'IMPRIMERIE DE DEMONVILLE ET SOEURS.
A PARIS,
RUE DE THIONVILLE, No. 116,
CHEZ FIRMIN DIDOT, Libraire pour les Mathématiques, l'Architecture, la Marine, et les Éditions Stéréotypes.
AN XI. — 1803.

《평형화학 소론》의 표지

화학친화력의 등장 _ 화학친화력 표를 만든 지오프로이

정교수 이제 화학결합의 역사를 살펴볼게. 화학결합은 서로 다른 물질이 결합해 새로운 물질을 만드는 것을 말해. 이것에 관한 최초의 아이디어를 낸 사람은 영국의 뉴턴(1642~1727년)이야.

화학군 만유인력을 발견한 물리학자 뉴턴인가요?

정교수 맞아. 1704년, 뉴턴은 자신의 저서 《광학(Opticks)》에서 서로 다른 원소(뉴턴의 시대에는 돌턴의 원자설이 나오기 전이므로 원소라는 표현을 사용했다.)들이 결합해 새로운 물질을 만드는 과정을 묘사했어.

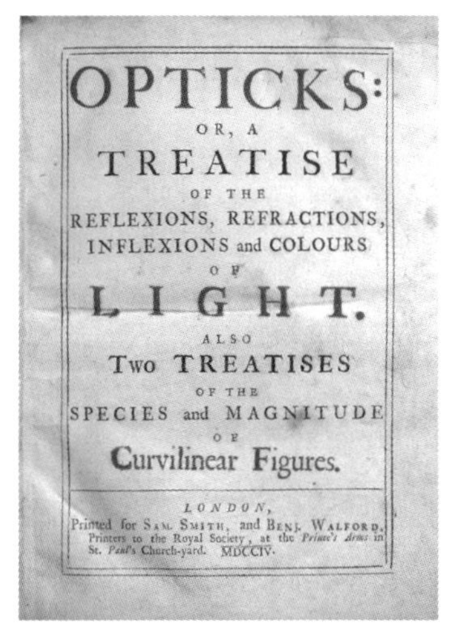
OPTICKS:
OR, A
TREATISE
OF THE
REFLEXIONS, REFRACTIONS,
INFLEXIONS and COLOURS
OF
LIGHT.
ALSO
Two TREATISES
OF THE
SPECIES and MAGNITUDE
OF
Curvilinear Figures.

LONDON,
Printed for SAM. SMITH, and BENJ. WALFORD,
Printers to the Royal Society, at the Prince's Arms in
St. Paul's Church-yard. MDCCIV.

《광학》의 표지

서로 다른 원소들이 결합해 새로운 물질을 만드는 것은 서로 다른 원소들이 접촉하면서 짧은 거리에서 작용하는 아주 강한 힘이 있어 서로를 끌어당기기 때문이다.

–뉴턴

화학군 뉴턴이 화학결합에 대해 최초로 설명했다는 이야기도 처음

듣네요.

정교수 역사를 알면 재미있지. 뉴턴의 생각을 좀 더 화학적으로 연구한 사람은 지오프로이(1672~1731년)야.

지오프로이

지오프로이는 파리에서 태어나 프랑스 남부 도시 몽펠리에에서 공부한 후 외교관인 마르샬 탈라드를 따라 영국, 네덜란드, 이탈리아 등을 돌아다니다가 칼리지 로열(Collège Royal, 현재의 콜레주 드 프랑스)의 교수가 되어 약학과 화학을 연구했다.

1718년 지오프로이는 여러 원소들에 대한 화학친화력 표를 만들었다. 지오프로이가 생각한 화학친화력이란 원소들이 결합을 하고 싶어 하는 경향을 말한다.

↶	>⊖	>⦶	>⊕	⊽	⊖v	⊖^	SM	🜍	☿	♄	♀	☽	♂	♕	▽
⊖v	♃	♂	🜍	>⊕	>⊕	>⊕	>⊖	⊖v	☉	☽	☿	♄	♕	♂	V̈
⊖^	♕	♀	⊖v	>⦶	>⦶	>⦶	>⊕	♂	☽	♀	PC	♀	☽♀♄	☽♀♄	⊖
⊽	♀	♄	⊖^	>⊖	>⊖	>⊖	>⦶	♀	♄						
SM	☽	☿	⊽		✢		✢	♄	♀						
	☿	☽	♂		🜍			☽	ζ						
		♀						♕	♕						
		☽						☿							
	☉							☉							

↶ Esprits acides.
>⊖ Acide du sel marin.
>⦶ Acide nitreux.
>⊕ Acide vitriolique.
⊖v Sel alcali fixe.
⊖^ Sel alcali volatil.
⊽ Terre absorbante.
SM Substances metalliques.
☿ Mercure.
♕ Regule d'Antimoine.
☉ Or.
☽ Argent.
♀ Cuivre.
♂ Fer.
♄ Plomb.
♃ Etain.
ζ Zinc
PC Pierre Calaminaire.
🜍 Soufre mineral.
🜍 Principe huileux ou Soufre Principe.
✢ Esprit de vinaigre.
▽ Eau.
⊖ Sel.
V̈ Esprit de vin et Esprits ardents

지오프로이가 만든 화학친화력 표

위 표에서 각 칸의 맨 위에 있는 원소는 그 아래에 있는 원소들과 화학결합을 하지만 결합의 세기는 아래로 내려갈수록 작다.

지오프로이의 화학친화력은 1775년 스웨덴의 화학자 베르히만(1735~1784년)이 좀 더 포괄적으로 연구하였다. 베르히만은 지오프로이가 선택한 원소들보다 더 많은 원소들에 대한 화학친화력 표를 만들었다.

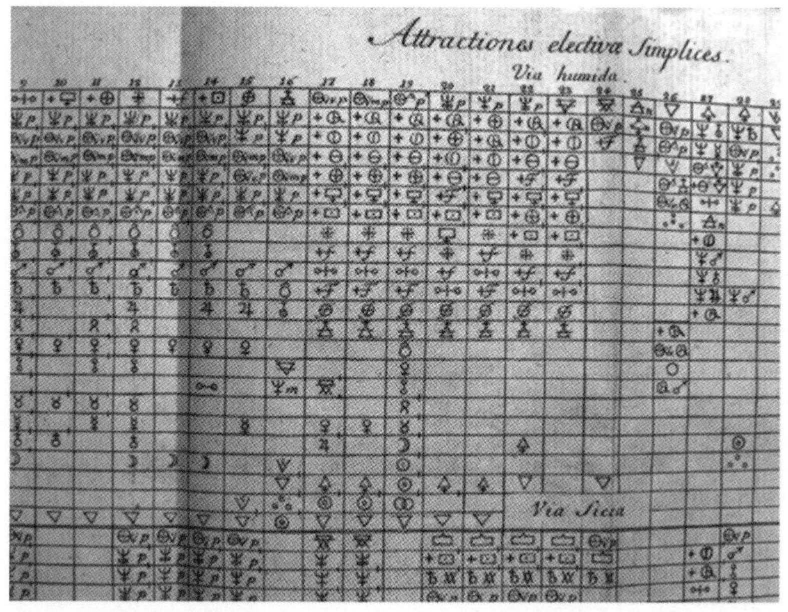

베르히만이 만든 화학친화력 표

원자와 분자 _ 기체반응의 법칙

정교수 영국의 화학자 돌턴은 1803년에 모든 물질이 더 이상 쪼개어지지 않는 원자라는 기본 입자로 이루어져 있다고 주장했어. 그는 이 내용을 1808년 《화학철학의 새 체계》에 발표했지.

하지만 돌턴의 원자설이 처음 등장한 것은 이 책이 아니야.

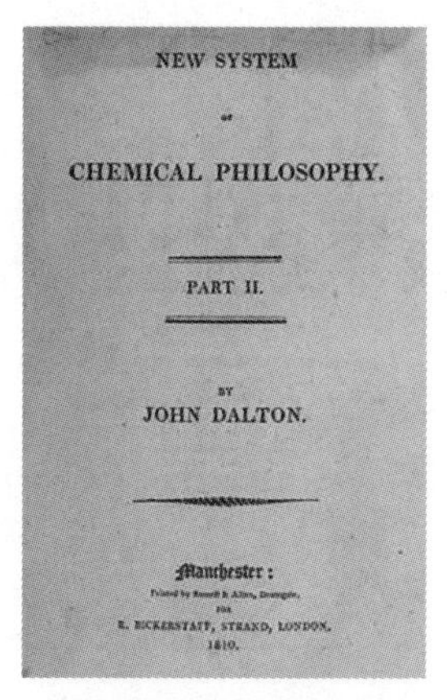
NEW SYSTEM

OF

CHEMICAL PHILOSOPHY.

PART II.

BY

JOHN DALTON.

Manchester:

Printed by Russell & Allen, Deansgate,

FOR

R. BICKERSTAFF, STRAND, LONDON.

1810.

《화학철학의 새 체계》의 표지

화학군 어떤 책이죠?

정교수 돌턴의 원자설을 처음 소개한 사람은 영국의 톰슨(1773~1852년)이야. 그는 1807년 자신의 저서 《화학의 체계 3판》에서 돌턴의 원자설을 처음 소개했어. 톰슨은 1804년 돌턴을 만나 돌턴의 원자설에 대한 이야기를 듣게 되었고, 이 내용을 자신의 책에 먼저 소개했지. 그리고 1년 뒤에 돌턴의 책이 출간되었어.

돌턴의 원자설은 많은 화학자들의 관심을 끌었다. 1808년 울러스턴(1766~1828년)은 원자설을 이용해 서로 다른 모양의 결정들이 다르게 쌓여서 원자가 형성된다고 주장했다.

화학군 돌턴의 원자설로 모든 화학반응을 설명할 수 있나요?

정교수 그렇지는 않아. 돌턴의 원자설은 기체들의 반응을 잘 설명하지 못했거든. 이 문제를 제기한 화학자는 게이뤼삭이야.

게이뤼삭

게이뤼삭은 프랑스 중부의 생 레오나르 드 노블라에서 태어났다. 그의 아버지는 판사였다. 그는 보르도의 가톨릭 수도원에서 조기 교육을 받았고 1798년 에콜 폴리테크니크에 입학했다. 3년 후, 게이뤼삭은 에콜 데 퐁 에 쇼제로 옮겼고, 1809년 에콜 폴리테크니크의 화학 교수가 되었다.

1802년 게이뤼삭은 일정한 압력에서 모든 기체의 부피가 절대 온도에 비례하여 증가한다는 법칙을 처음으로 발표했다. 하지만 이 법칙은 당시에 많이 알려지지 않았고 훗날 샤를의 법칙으로 알려지게 되었다.

1804년 게이뤼삭은 비오(1774~1862년)와 수소풍선을 타고 하늘로 올라가 지구 대기를 조사했다. 그들은 7,016미터 상공까지 올라가 지상과의 온도와 습도 차이를 연구했다.

1808년 게이뤼삭은 어떤 물질이 두 가지 이상의 기체로 분해될 때에는, 각각의 부피 사이에 정수비가 성립한다는 것을 알아냈다. 이것은 기체반응의 법칙이라고 부르는데, 그는 1809년에 이 법칙을 논문으로 발표했다.

예를 들어 수소와 산소가 반응하여 수증기(물의 기체 상태)를 만들 때에는 이들 기체들의 부피의 비는 2:1:2라는 정수비가 성립한다. 하지만 이것은 돌턴의 원자설로 설명되지 않았다. 돌턴은 수증기는 산소 원자와 수소 원자로 이루어져 있는 복합원자라고 생각했다. 그러므로 돌턴의 원자설로 이 반응을 설명하려면

수소 원자 2개+산소 원자 1개 ➡ 수증기 복합원자 2개

가 되고, 이것을 풀어서 쓰면

수소 원자 2개+산소 원자 1개 ➡ 산소 원자 2개+수소 원자 2개

가 되어야 하는데, 이러한 일은 일어날 수 없다.

화학군 반응 전과 반응 후의 산소 원자의 개수가 달라지는군요.

정교수 그런 일은 일어날 수 없지. 이 문제를 해결하기 위해 아보가드로(1776~1856년)의 분자설이 등장해.

아보가드로

아보가드로는 1776년 이탈리아의 토리노에서 태어났다. 그는 1796년 스무 살의 나이에 대학에서 교회법을 공부하고 졸업한 뒤 변호사로 활동하기 시작했다. 그러나 곧 자신이 가장 좋아하는 물리학

과 수학 연구에 전념했고, 1809년에는 베르첼리대학에서 물리학과 수학을 강의했다. 1820년에 그는 토리노대학의 교수가 되었다.

아보가드로는 게이뤼삭이 발견한 기체반응의 법칙의 문제점을 해결하기 위해 분자라는 개념을 도입했다. 그는 한 개 이상의 원자들이 모여서 분자를 만드니 기체반응에서는 원자보다는 분자를 고려해야 한다고 주장했다. 예를 들어 수소 분자는 수소 원자 두 개로, 산소 분자는 산소 원자 두 개로, 물 분자는 수소 원자 두 개와 산소 원자 한 개로 이루어져 있다. 그는 이를 이용해

수소 분자 2부피+산소 분자 1부피➡물 분자 2부피

가 되어 기체반응의 법칙이 성립한다고 생각했다. 이렇게 분자를 도입하면 반응 전과 반응 후의 원자의 개수가 달라지지 않았다.

원소 기호와 원자량_원소 기호를 만든 베르셀리우스와 원자량을 측정한 리처즈

정교수 원소 기호는 알고 있니?

화학군 수소를 H로, 산소를 O라고 쓰는 거 말이죠?

정교수 이제 원소 기호를 만든 베르셀리우스(1779~1848년)에 대해 이야기해 볼게.

베르셀리우스

베르셀리우스는 스웨덴의 애스터예트란트에서 태어났다. 그의 아버지 사무엘 베르셀리우스는 학교 교사였다. 베르셀리우스의 아버지는 1779년에 세상을 떠났고 어머니는 1787년에 세상을 떠나 친척들이 그를 돌보았다. 그는 10대 때 집 근처 농장에서 가정교사로 일하면서 꽃과 곤충 채집과 분류에 관심을 가졌다.

베르셀리우스는 1796년에 웁살라대학 의대에 입학했다. 하지만 화학을 좋아했던 베르셀리우스는 틈틈이 화학 실험을 했고 탄탈럼을 발견한 에케베르크에게 화학을 배웠다. 그는 약국에서 견습생으로 일하면서 실험실에서 유리세공과 같은 실용적인 기술도 배웠다. 그는 셸레의 산소 발견을 도왔고, 메데비 온천수를 분석하기도 했다. 1807년, 베르셀리우스는 스톡홀름대학교 약학과 교수가 되었고, 1808년에 스웨덴 왕립 과학 아카데미의 회원으로 선출되었다.

베르셀리우스는 1813년 현재의 원소 기호를 만들었다. 그는 원소를 라틴어 이름의 대문자로 나타내고, 두 원소가 똑같은 라틴어 대문자를 가지면 비금속 원소는 하나의 문자로, 금속 원소는 두 개의 문자로 나타내며, 두 개의 문자 중 두 번째 문자는 소문자로 쓰기로 약속했다.

화학군 예를 들어주세요.

정교수 수소는 라틴어로 'Hydrogen'이고 수은은 라틴어로 'Hydrargyrum'이야. 수은은 금속이고 수소는 비금속이므로 수소의 원소 기호는 H가 되고 수은의 원소 기호는 Hg가 되지.

화학군 이제 좀 이해되네요.

정교수 베르셀리우스는 삼산화황은 황 원자 한 개와 산소 원자 3개로 이루어져 있으므로 SO^3라고 쓰자고 주장했어. 이것은 나중에 SO_3로 바뀌게 되었지. 그는 산소를 점으로 나타내자고도 주장했는데, 삼산화황을 그의 기호로 나타내면 다음과 같아.

베르셀리우스는 또한 중복된 원소에 대해 줄 기호를 사용하자고 주장했어. 물은 수소 원자 2개와 산소 원자 1개로 이루어져 있으니까

다음과 같이 나타냈지.

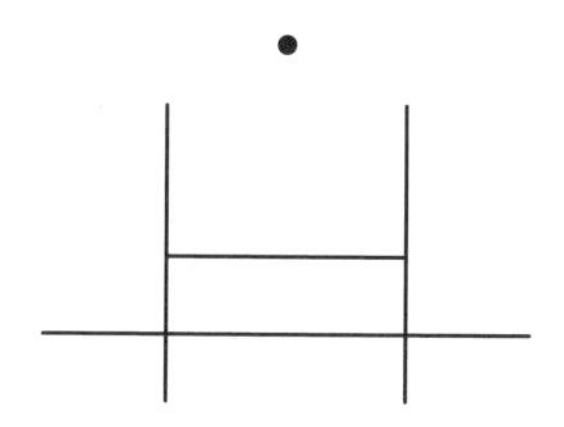

화학군 지금은 물을 H_2O라고 써요.

정교수 맞아. 베르셀리우스의 화학식 기호는 지금은 사용하지 않지만 그의 원소 기호는 사용되고 있지. 베르셀리우스는 수소를 기준으로 한 원소들의 원자량을 알아냈어.

화학군 원자량은 원자의 질량인가요?

정교수 조금 달라. 원자량은 어떤 특정 원소의 질량에 대한 다른 원소의 질량의 비를 말해. 그러니까 원자의 질량은 질량의 단위를 가지지만 원자량은 단위가 없어. 베르셀리우스는 수소의 원자량을 1이라고 두었을 때 다른 원소들의 원자량을 다음과 같이 구했어.

Atomic Weights (Berzelius*)

H 1	Li 7	Be 9.4	B 11	C 12
N 14	O 16	F 19	Na 23	Mg 24
Al 27.3	Si 28	P 31	S 32	Cl 35.5
K 39	Ca 40	Ti 48	V 51	Cr 52
Mn 55	Fe 56	Co 59	Ni 59	Cu 63
Zn 65	As 75	Se 78	Br 80	Rb 85
Sr 87	Y 88	Zr 90	Nb 94	Mo 96
Ru 104	Rh 104	Pd 106	Ag 108	
Cd 112	In 113	Sn 118	Sb 122	
Te 125	I 127	Cs 133	Ba 137	
Di 138	Ce 140	Er 178	La 180	
Ta 182	W 184	Os 195	Ir 197	
Pt 198	Au 199	Hg 200	Tl 204	
Pb 207	Bi 208	Th 231	U 240	

***Recalculated using Cannizzaro's principle**

베르셀리우스가 발견한 원소들의 원자량

화학군 리튬의 원자량은 7이 아니라 6인데요.

정교수 맞아. 베르셀리우스의 원자량은 조금 부정확했어. 하지만 원자량의 개념을 처음 도입한 사람이 바로 베르셀리우스이지.

화학군 지금도 수소를 기준으로 원자량을 정의하나요?

정교수 현재는 탄소의 원자량을 12로 하고 다른 원소들의 원자량을 결정하지.

화학군 원자량으로 노벨상을 받은 과학자가 있나요?

정교수 물론이지. 화학자 시어도어 리처즈(1868~1928년)가 원자량을 정확히 측정해 노벨화학상을 받았어.

시어도어 리처즈

리처즈는 미국 펜실베이니아주 저먼타운에서 태어났다. 아버지는 화가인 윌리엄 트로스트 리처즈이고 어머니는 시인인 애나 매틀락 리처즈이다. 리처즈는 로드아일랜드주 뉴포트에서 여름을 보내는 동안, 하버드대학의 조시아 파슨스 쿡 교수를 만났는데, 쿡 교수는 어린 리처즈에게 작은 망원경으로 토성의 고리를 보여주었다. 몇 년 후, 리처즈는 쿡의 실험실에서 함께 일하게 되었다.

1878년부터 리처즈 가족은 유럽에서 2년을 보냈는데, 그곳에서 리처즈의 과학적 관심은 더욱 커졌다. 가족이 미국으로 돌아온 후, 그는 1883년 14세의 나이로 펜실베이니아주 해버포드대학에 입학하고 1885년에 졸업했다. 그 후 하버드대학교에 입학하여 1886년에 학사 학위를 받았다.

리처즈는 수소에 대한 산소의 원자량 측정을 논문 주제로 삼았다. 그의 박사 과정을 지도한 교수는 파슨스 쿡이었다. 독일에서 1년 동안 박사 후 과정을 밟고 괴팅겐대학 등에서 빅터 마이어 밑에서 공부한 후, 하버드대학교로 돌아와 1901년 화학과 교수가 되었다.

리처즈의 원자량에 대한 연구는 1889년에 시작되었다. 그는 1914년까지 55개 원소의 원자량을 조사했다. 그는 하나의 원소가 서로 다른 원자량을 가질 수 있음을 처음으로 알아냈다. 자연에 존재하는 납과 방사성 붕괴에 의해 생성된 납의 샘플을 분석해 두 샘플이 서로 다른 원자량을 가지고 있음을 발견했다. 이것이 바로 동위원소의 발견이었다.

전기분해의 역사 _ 전기분해로 수많은 금속을 발견하다

정교수 이제 전기분해의 역사에 대해 살펴볼 거야. 전기분해는 전기를 이용해 물질을 분해하는 것을 말해. 최초의 전기분해는 1785년 네덜란드의 과학자 마룸(1750~1837년)에 의해 이루어졌어.

마룸

마룸은 내과 의사이자 과학자이다. 그는 대형 기전기(마찰에 의해 정전기를 만드는 장치)를 만들었다. 그는 이 기전기를 이용해 전기분해로 주석, 아연, 안티몬 금속을 화합물로부터 분리하는 데 성공했다.

테일러스 박물관에 전시된 마룸의 기전기

화학군 내과 의사가 최초의 전기분해 실험을 했군요.

정교수 전기분해를 통해 물질을 분해한 가장 유명한 실험은 물을 산소와 수소로 분해한 실험이야. 이 실험은 1800년 니콜슨(1753~1815년)과 카리슬(1768~1840년)에 의해 이루어졌어.

니콜슨

카리슬

니콜슨은 영국 요크셔에서 교육을 받았으며, 학교를 졸업한 후 영국 동인도 회사에서 근무하면서 두 번의 항해를 했다. 그의 첫 번째 항해는 인도로 가는 것이었고, 두 번째 항해는 중국으로 가는 것이었다. 그 후 니콜슨은 번역가로 일하면서 틈틈이 자연과학을 공부했다.

1784년에 니콜슨은 액체 또는 고체의 비중을 측정할 수 있는 니콜슨 비중계를 발명했다. 1789년 그는 전기에 관한 두 편의 논문을 발표했다.

1790년에 니콜슨은 원통형 인쇄기를 발명했고, 1797년에 〈Journal of Natural Philosophy, Chemistry and the Arts〉라는 저널을 창간했다.

1800년 5월, 니콜슨은 웨스트민스터 병원의 외과 의사인 카리슬과 함께 물을 수소와 산소로 전기분해를 했다.

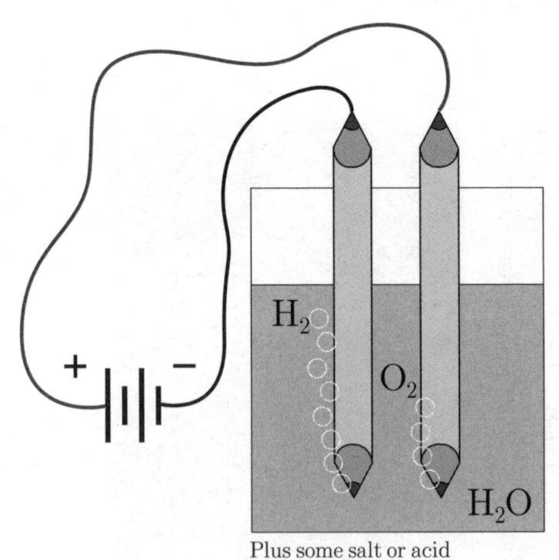

물의 전기분해

두 사람보다 약간 늦게 독일의 화학자이자 물리학자인 리터(1776~1810년) 역시 전기분해를 통해 물을 수소와 산소로 분해하는 데 성공했다.

리터

리터는 14세 때부터 과학에 관심을 가지기 시작했다. 그는 리그니츠에 있는 약제사의 견습생이 된 이후, 화학에 깊은 관심을 갖게 되었다. 그는 1796년에 예나대학교에서 의학 연구를 했다. 리터는 독일의 낭만주의 운동에도 관심이 많았다. 그는 괴테, 훔볼트, 헤르더, 브렌타노와 같은 철학자들과 대화를 나누었고, 셸링의 자연철학에 관심을 기울였다.

리터는 전기분해의 원리를 이용하여 물체의 표면을 다른 금속의 얇은 막으로 덮어씌우는 방법인 전기도금을 발견했다. 이 과정에서 리터는 증착되는 금속의 양과 생성되는 산소의 양이 전극 사이의 거리에 따라 달라진다는 사실을 발견했다. 전기분해를 연구한 것 외에도, 자외선을 최초로 발견했다.

과학자들은 전기분해를 이용해 수많은 금속들을 발견했다. 1807년과 1808년에 영국의 데이비는 나트륨, 칼륨, 바륨, 칼슘, 마그네슘을 분리하는 데 성공했다. 1821년 영국의 화학자 브란데는 산화리튬에서 리튬을 분리했다. 이외에도 전기분해에 의해 발견된 원소들은 다음과 같다.

1825년 전류의 자기작용으로 유명한 덴마크의 외르스테드(1777~1851년)는 알루미늄을 분리했고, 1875년 프랑스의 르꼬끄 드 브아보드랑(1838~1912년)은 갈륨을, 1886년 프랑스의 앙리 무아상 1852~1907년)은 플루오린(불소)을 발견했다.

데이비는 전기분해를 통해 화학친화력이 전기력 현상임을 알아냈다. 데이비는 전기분해에 의해 음극으로 가는 원소를 전기양성으로, 양극으로 가는 원소를 전기음성으로 분류했다.

데이비의 조수인 마이클 패러데이(1791~1867년)는 전기양성인 원소를 양이온으로, 전기음성인 원소를 음이온이라고 불렀다. 이온이라는 단어는 '~를 가다'를 의미하는 그리스어 'ienai(ἰέναι)'에서 유래되었다.

1833년 패러데이는 전기분해에 대한 법칙을 발표했다. 그는 금속과 묽은 황산의 반응에서 발생하는 수소의 부피가 다른 양과는 관계가 없고 오로지 전류와 관련 있다는 사실을 알아냈다.

1836년 영국의 화학자이자 기상학자인 존 다니엘(1790~1845년)은 전기화학을 이용해 볼타전지보다 개량된 다니엘전지를 발명했다.

이 전지는 황산과 아연 전극으로 채워진 유약을 바르지 않은 토기 용기에 황산염 용액을 채운 구리 냄비로 구성되어 있다. 그는 볼타전지에서 수소 기포가 생기는 문제를 해결할 방법을 찾고 있었는데, 해결책으로 두 번째 전해질을 사용하여 첫 번째 전해질에서 생성된 수소를 없애게 했다.

다니엘전지

화학군 이온에 관한 연구로 노벨상을 받은 과학자는 누군가요?

정교수 스웨덴의 아레니우스(1859~1927년)야.

아레니우스

아레니우스는 1859년 스웨덴 웁살라 근처의 비크에서 태어났다. 그의 아버지는 웁살라대학교의 토지 측량사였다. 그는 세 살 때 독학으로 읽기를 배웠고, 아버지가 회계 장부에 숫자를 추가하는 것을 보면서 산수 신동이 되었다.

여덟 살이 되던 해, 아레니우스는 지역 성당 학교에 입학하여 5학년 때부터 물리학과 수학에서 두각을 나타냈고, 그 후 웁살라대학에 들어갔다. 1881년 스톡홀름에 있는 스웨덴 과학 아카데미의 물리 연구소에 들어갔다.

당시 아레니우스는 전해질의 전도성에 대해 연구했다. 1884년, 그는 전기 전도도에 관한 논문을 발표했다. 이 논문은 고체 결정의 염이 용해될 때 한 쌍의 전기를 띤 입자로 분리된다는 사실을 다루었는데, 이 업적으로 1903년 노벨화학상을 수상했다.

패러데이는 이온이 전기분해 과정에서만 만들어진다고 생각했지만 아레니우스는 전류가 흐르지 않을 때도 염 수용액 속에는 이온이 포함되어 있다고 생각했다. 따라서 그는 용액 내의 화학반응이 이온 간의 반응이라고 발표했다.

아레니우스는 양이온과 음이온을 이용해 산과 염기를 새롭게 정의했다. 그는 산은 용액에서 수소 이온을 생성하는 물질이고, 염기는 용액에서 수산화 이온을 생성하는 물질이라고 주장했다.

반 데르 발스의 실제 기체 연구 _ 클레페롱의 이상 기체 방정식

정교수 이번에는 실제 기체의 상태방정식을 발견해 노벨물리학상을 받은 반 데르 발스(1837~1923년)의 이야기를 해볼게.

반 데르 발스는 1837년 네덜란드 라이덴에서 태어났다. 그의 아버지는 라이덴의 목수였다. 19세기의 모든 노동자 계급 소년들이 그랬듯이, 그는 대학에 들어갈 수 있는 자격이 주어지는 중등학교에 진학할 수 없었다. 대신 그는 교사를 양성하는 학교에 다녔고, 15세에 졸업했다. 그 후 그는 초등학교에서 교사 견습생이 되었고, 1856년에서 1861년 사이에 견습생 과정을 이수하여 초등학교 교사와 교장이 되기 위해 필요한 자격을

반 데르 발스

취득했다.

1862년에 반 데르 발스는 라이덴대학에서 수학, 물리학 및 천문학을 공부했지만 고전 언어에 대한 교육이 부족했기 때문에 정규 학생으로 수강하지 못했다. 하지만 라이덴대학에는 외부 학생이 연간 최대 네 과목을 수강할 수 있어서 반 데르 발스는 몇 개의 과목을 들을 수 있었다.

1865년에 반 데르 발스는 정식 물리 교사가 되었다. 네덜란드의 대학제도가 바뀌어 고전 언어를 이수하지 않아도 대학에서 공부할 수 있게 되자, 반 데르 발스는 라이덴대학교를 정식으로 다닐 수 있었다. 그 후 1873년 6월 14일, 라이덴대학교에서 박사 학위 논문《기체 상태와 액체 상태의 연속성에 관하여》를 발표했다. 이 논문에서 반 데르 발스는 기체 분자의 인력을 고려한 실제 기체를 연구했고, 이 논문으로 1910년 노벨물리학상을 받았다. 1877년 9월, 반 데르 발스는 새로 설립된 암스테르담 시립대학의 첫 번째 물리학과 교수가 되었다.

화학군 어려움을 딛고 물리학 교수가 되었군요.

정교수 맞아.

화학군 반 데르 발스가 생각한 실제 기체는 이상 기체와 어떻게 다른가요?

정교수 이상 기체는 분자들 사이의 인력을 고려하지 않은 이상적인 모형이야. 그러니까 실제 기체에 대한 실험 결과와 일치하지 않지. 이상 기체의 압력과 부피와 온도 사이의 관계를 처음 알아낸 사람은 프랑스의 클레페롱(1799~1864년)이야.

클레페롱

클레페롱은 파리에서 태어났고 에콜 폴리테크니크에서 공부하여 1818년에 졸업했다. 1820년에 상트페테르부르크로 가서 그곳의 공공사업 학교에서 일했다. 그는 1830년 7월 혁명 이후 파리로 돌아와 파리와 베르사유 및 생 제르맹을 연결하는 최초의 철도 노선 건설을 감독했다. 1836년 제조업체를 찾기 위해 자신의 증기 기관 설계를 영국으로 가져가 샤프, 로버트 앤 코와 계약했다. 1844년부터 1859년까지 국립고등교량도로학교 교수로 활동했다.

화학군 클레페롱이 발견한 이상 기체의 법칙은 뭐죠?

정교수 1834년 클레페롱은 이상 기체의 부피와 압력, 온도 사이의 관계를 처음 발표했어. 기체 1몰을 생각해 볼게. 1몰의 기체의 부피가 V이고, 압력이 p이며, 온도가 T일 때, 이 기체를 이상 기체라고 가

정하면

$$pV = RT$$

가 성립하는데, 이것이 바로 클레페롱이 발견한 이상 기체 방정식이야.

화학군 R은 뭐죠?

정교수 기체상수라고 부르는 비례상수야. 이 값은 다음과 같아.

$$R = 8.31446261815324\,(JK^{-1}mol^{-1})$$

화학군 이상 기체가 아니라 실제 기체가 되면 식($pV = RT$)이 달라지겠군요.

정교수 맞아. 그 일을 한 사람이 바로 반 데르 발스야. 이상 기체 모형에서 용기 속의 기체 분자는 하나의 점으로 묘사돼. 반 데르 발스는 이 부분이 수정되어야 한다고 생각했어.

아보가드로는 기체 분자를 공 모양으로 생각했다. 다음 그림을 보자.

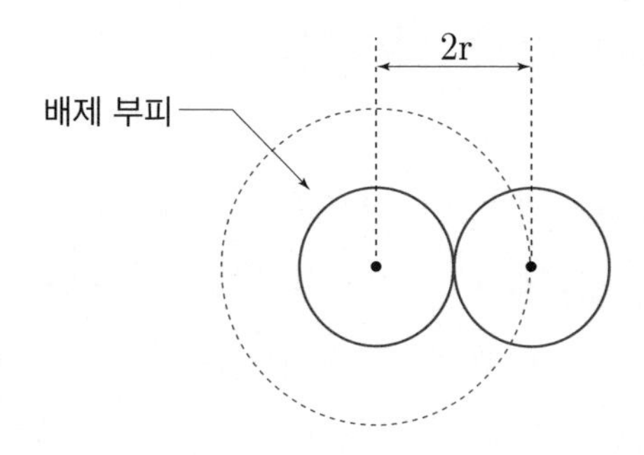

이 그림에서 파란 공이 반지름이 r인 분자라고 해보자. 반지름이 0이 아니니까 파란 점선으로 표시된 공의 내부에 원의 중심을 갖는 분자는 존재할 수 없다. 그러니까 파란 점선 공의 부피만큼은 부피를 계산할 때 배제되어야 한다. 아보가드로는 이 부피를 배제 부피라고 불렀다. 두 개의 분자가 있을 때 배제 부피는

$$\frac{4}{3}\pi(2r)^3 = 8 \times \frac{4}{3}\pi r^3$$

이 된다. 일반적으로 여러 개의 분자가 있을 때 배제 부피를 b라고 하면 우리가 고려해야 할 부피는

$$V - b$$

가 된다. 즉 이상 기체 방정식($pV = RT$)에서 V는 $V-b$로 바뀌게 된다.

화학군 압력도 달라지나요?

정교수 물론이지. 이상 기체는 입자들 사이의 인력을 무시했어. 하지만 실제 기체에서는 입자들 사이의 인력을 고려해야 해. 그러니까

실제 기체의 압력 = 이상 기체의 압력 + 분자 간 인력에 의한 압력

이 되지. 여기서 분자 간의 인력은 음수(물리학자들은 인력을 음수로, 척력을 양수로 나타낸다.)로 표시되므로 인력에 의한 압력 역시 음수이지.

아보가드로는 분자들 사이의 인력에 의한 압력이

$$-\frac{a}{V^2}$$

로 주어진다고 가정했어. 여기서 a는 실험에 따라 결정되는 상수이지. 그러므로

(실제 기체의 압력) =
(이상 기체의 압력) + (분자들 사이의 인력에 의한 압력)

이 되므로 실제 기체의 압력을 p라고 하면

$$(\text{이상 기체의 압력}) = p + \frac{a}{V^2}$$

가 된다. 따라서 식($pV = RT$)은

$$\left(p + \frac{a}{V^2}\right)(V - b) = RT$$

가 실제 기체의 압력과 부피, 온도 사이의 관계를 묘사한다네. 이것을 반 데르 발스 방정식이라고 부르지.

화학군 이 식이 바로 노벨상을 만든 식이군요.

정교수 맞아.

두 번째 만남

●

유기화학의 역사

유기물질 _ 유기물질이라는 용어를 처음 사용한 베르히만

정교수 이제 우리는 유기화학의 역사를 다룰 거야.

화학군 유기화학은 뭐죠?

정교수 유기물질은 탄소화합물이야. 그리고 탄소를 포함하지 않는 화합물은 무기물질이지. 유기물질을 연구하는 화학을 유기화학이라 하고, 무기물질을 연구하는 화학을 무기화학이라고 해.

화학군 탄소화합물 중에서 유기물질이 아닌 것도 있나요?

정교수 물론 있지. 일산화탄소와 이산화탄소는 탄소화합물이지만 무기물질이야.

화학군 탄소화합물이 유기물질인지 무기물질인지 어떻게 구별하죠?

정교수 벤젠처럼 분해과정에서 에너지가 발생하는 탄소화합물은 유기물질로 분류되고, 이산화탄소처럼 분해과정에서 에너지가 발생하지 않는 화합물은 무기물질로 분류되지. 유기물질이라는 용어는 1790년 베르히만(1735~1784년)이 처음 사용했고, 1806년 베르셀리우스는 유기화학이라는 용어를 처음 사용했어.

베르히만

베르히만은 1735년 스웨덴의 카트린베르크에서 태어났다. 그는 17세에 웁살라대학교에 입학했다. 그의 아버지는 그가 율법이나 신학을 공부하기를 바랐지만 그는 수학과 자연과학을 공부하고 싶어 했다. 그는 식물학과 곤충학에 흥미를 느꼈고, 몇 가지 새로운 종류의 곤충 표본을 연구했다.

1758년에 박사학위를 받고 웁살라대학에서 물리학과 수학을 강의했으며, 무지개, 오로라, 전자석에 관한 논문을 발표했다. 그 후 웁살라대학의 화학 교수가 되어 정량 분석의 발전에 크게 기여했고, 화학적 특성에 따른 광물 분류 체계를 개발했다.

화학군 유기화학을 처음 연구한 사람은 베르히만인가요?

정교수 그렇지는 않아. 유기화학의 역사는 굉장히 길어. 아주 오래전부터 연금술사와 초기 화학자들은 혈액, 침, 소변, 계란 흰자 등을 분석했는데, 이것이 유기화학의 시작이야. 최초로 얻어진 순수한 유기화합물은 알코올(에탄올)이지.

화학군 그렇군요.

생기론 _ 아리스토텔레스의 혼과 에라시스트라토스의 프네우마

정교수 이제 다시 옛날이야기로 돌아가 볼게. 유기물질은 생물과 관련되기 때문에 화학자들은 생기론을 믿고 있었어.

화학군 생기론이 뭐죠?

정교수 생기론은 고대 그리스의 아리스토텔레스부터 시작되었어.

아리스토텔레스는 《영혼에 관하여》라는 책에서 식물에는 생장혼이, 동물에는 감각혼이, 인간에게는 이성혼이라는 혼이 있다고 주장했지. 아리스토텔레스는 모든 유기체에는 영혼이 있다고 믿었어.

그리스 신화에서 프시케(psykhe)는 영혼의 여신이자 사랑의 신 에로스의 아내이다. 그녀는 비범한 아름다움으로 인해 아프로디테의 분노를 불러일으켰다. 아프로디테는 에로스에게 프시케를 가장 추악한 남자와 사랑에 빠지게 하라고 명령했지만 에로스는 프시케와 사랑에 빠져 그녀를 자신의 숨겨진 궁전으로 데려가 그녀와 결혼했다.

그리스의 의사 에라시스트라토스(기원전 304~250년)는 아리스토텔레스의 세 가지 혼의 개념을 프네우마(pneuma)로 발전시켰다. 프네우마는 그리스어로 '숨'을 뜻하는 단어인데 혼과 거의 같은 개념이다.

그리스 의사 갈레노스(129~216년)는 아리스토텔레스의 혼이나 에라시스트라토스의 프네우마가 신체에 생기를 불어넣어 주는 역할을 한다고 생각했다.

갈레노스

갈레노스는 인체에는 세 가지 기능이 있다고 주장했다. 인체의 세 가지 기능은 간이 수행하는 영양, 심장이 수행하는 운동, 뇌가 수행하는 감각이며, 이 세 기능은 정맥, 동맥, 신경을 통제하는 자연혼, 생명혼, 동물혼에 의해 발현된다.

18세기 초반까지만 해도 유기물은 생물에서 만들어진다고 생각했다. 베리셀리우스 역시 생기론을 믿은 화학자였는데, 모든 유기물은 생명체에서만 만들어지며 무기물로 유기물을 만들려면 생명혼을 불어넣어 주어야 한다고 생각했다.

화학군 조금은 억지스러운 이론이군요.

뵐러의 요소 합성 _ 생기론이 틀렸음을 증명하다

정교수 생기론이 틀렸음을 증명하는 실험은 화학자 뵐러(1800~1882년)에 의해 이루어졌어.

뵐러

뵐러는 에세르샤임에서 수의사의 아들로 태어났다. 어렸을 때 그는 광물 수집, 그림 그리기, 과학에 관심을 보였다. 프랑크푸르트 김나지움을 다녔고 아버지가 만들어준 실험실에서 화학 실험을 시작했다. 1820년에 마르그부르그대학에 입학했다. 1823년 하이델베르크대학교에서 의사 시험에 합격했다. 그 후 그는 스웨덴에서 베르셀리우스에게 화학을 배웠다. 1826년부터 1831년까지 베를린 폴리테크닉에서 화학을 가르쳤고, 1836년 괴팅겐대학의 일반 화학 교수가 되었다.

1827년 뵐러는 분자식이 같은 두 물질이 서로 다른 화학적 성질을 가질 수 있다는 것을 알아냈다. 뵐러는 시안산(청산)과 풀민산의 분자식은 HOCN으로 같지만 원자들의 배치가 달라 다른 성질을 가진다는 것을 발견했다. 베르셀리우스는 이러한 물질을 이성질체라고 불렀다.

1828년 뵐러는 생기론이 옳지 않음을 증명하는 유명한 실험을 했다. 1728년 네덜란드의 뷔하베(1668~1738년)가 사람과 동물의 소변 속에서 요소를 발견했다. 요소는 신장에서 만들어진다.

뷔하베

생기론에 따르면 요소는 무기물로부터 저절로 만들어지는 것이 불가능했다. 하지만 뵐러는 무기물인 시안산은과 염화암모늄을 반응시켜서 시안산암모늄을 합성하려 했다. 그리고 용액을 건조시키는 동안에 시안산암모늄은 이성질체인 요소로 전환되었다. 이 발견으로 생기론은 힘을 잃게 되었다.

리비히와 유기화합물의 분자식 _ 유기화합물 속의 탄소와 수소와 산소의 함량이 분자식을 결정한다

정교수 이제 유기화합물들의 분자식을 발견한 리비히(1803~1873년)의 이야기를 해볼게.

리비히

리비히는 다름슈타트에서 약사의 아들로 태어났다. 그는 8세부터 14세까지 고향의 김나지움에 다녔다. 그 후 아버지를 도와 약사로 일하다가 가정형편이 좋아지자 본대학교에 진학해 화학을 공부했다.

1822년 10월 말에 리비히는 파리의 게이뤼삭 실험실에서 일했다. 그 후 독일로 돌아와 기센대학의 화학 교수가 되었다. 리비히는 최초로 체계적인 화학실험교과과정을 만들었고, 이를 통해 수많은 제자들을 양성했다. 호프만, 제르아르, 뷔르츠, 윌리엄슨 등이 그의 제자들이고, 그들은 유기화학의 발전에 중요한 공헌을 했다.

리비히의 실험실

1832년 리비히는 뵐러와 함께 아몬드 오일에 대한 연구를 발표했다. 그들은 아몬드 오일의 화학적 조성에 대해 자세히 분석해 탄소, 수소 및 산소로 이루어진 라디칼을 발견했다. 그들이 발견한 라디칼은 벤조일 라디칼로 분자식은 C_7H_5O였다. 이듬해 리비히는 에틸 라디칼 C_2H_5를 발견했다.

리비히는 뛰어난 분석기술을 이용해 생화학 분야에서도 많은 업적을 쌓았다. 그는 담즙, 소변, 혈액 등을 분석해 인체의 활력이나 체온은 섭취된 음식물의 연소에 의해 유지된다는 것을 알아냈다. 그는 또한 탄수화물과 지방이 에너지원이라는 것도 알아냈다.

리비히는 토양이 척박해지는 것은 흙 속에 함유되어 있는 칼슘, 나트륨, 칼륨, 인 등의 광물성분을 식물이 소비하기 때문이라는 것도 알아냈다. 그는 퇴비와 같은 천연비료 대신에 화학비료를 사용하여 작물을 키우는 실험을 했다.

화학군 리비히는 유기화합물의 분자식을 어떻게 결정했죠?

정교수 리비히는 유기화합물 속의 탄소와 수소와 산소의 함량을 측정하면 분자식을 결정할 수 있다는 것을 알아냈지.

예를 들어 탄소 40%와 수소 6.7%와 산소 53.3%의 질량비로 이루어져 있는 유기화합물을 보자. 탄소의 원자량 12, 수소의 원자량 1, 산소의 원자량 16을 사용하면 각각의 원자 개수의 비는

$$\frac{40}{12}:\frac{6.7}{1}:\frac{53.3}{16} \fallingdotseq 3.3:6.7:3.3 \fallingdotseq 1:2:1$$

이다. 그러므로 이 유기화합물의 분자식은

CH_2O

가 된다.

치환의 법칙 _ 뒤마가 발견한 치환의 법칙

정교수 이제 프랑스의 유기화학자 뒤마(1800~1884년)의 이야기를 해볼게.

뒤마

뒤마는 알레스에서 태어나 고향 마을 약제사의 견습생이 되었다. 그는 1816년 스위스 제네바로 이주하여 화학, 물리학, 식물학을 공부했고, 1822년 파리로 돌아와 화학공부를 마쳤다. 그 후 프랑스에서 뛰어난 화학자가 되었고, 1835년 에콜 폴리테크니크 화학 교수가 되었다. 1848년 과학 연구를 중단하고 나폴레옹 3세 때 국회의원이 되었다. 1850~1851년에 농업상무부 장관으로 활동한 후 상원의원, 파리 시의회 의장, 프랑스 조폐국장을 지냈다.

화학군 뒤마는 화학자로서 어떤 업적을 남겼죠?

정교수 1833년 뒤마는 질소를 포함한 유기화합물에서 질소의 양을 결정하는 방법을 개발했어. 이듬해 뒤마는 알코올(C_2H_6O)에 염소를 섞으면 클로랄(C_2HCl_3O)과 클로로포름($CHCl_3$)이 나오는 것을 알아냈어. 그는 염소 원자가 알코올의 수소 원자를 치환하면서 이러한 반응이 생기는 것을 알아냈지. 이것이 바로 뒤마가 발견한 '치환의 법칙'이야.

화학군 클로랄이 뭐죠?

정교수 자극적인 냄새가 나는 무색의 액체야. 예전에는 진정제와 최면제로 쓰였어.

화학군 클로로포름은 뭐죠?

정교수 실험용 용액인데 전에는 마취약으로 사용되다가 발암성이 의심되어 사용이 금지되었어.

치환과 관련된 재미있는 일화가 있다. 뒤마는 파리의 튀릴리궁에서 열린 샤를 10세의 만찬에 초청되었다. 만찬장에 설치된 촛불이 연기를 내고 타면서 그을음을 잔뜩 내자 왕은 지배인인 브로와냐르에게 그을음의 원인을 찾으라고 지시했다. 브로와냐르는 뒤마의 장인어른이었는데, 그는 사위인 뒤마에게 이 문제를 상의했다. 뒤마는 양초를 표백시키기 위해 사용한 염소 때문에 염화수소가 발생했고, 이것이 그을음의 원인임을 알아냈다. 뒤마는 이러한 일은, 염소가 초와 화학적으로 결합하면서 양초를 이루는 유기화합물에서 수소를 염소로 치환하는 현상임을 발견했다.

게르하르트의 형 이론 _ 모든 유기화합물을 네 가지의 형으로 나타내다

정교수 이번에는 모든 유기화합물을 네 가지의 형으로 나타낸 게르하르트(1816~1856년)의 이야기를 해볼게.

게르하르트

게르하르트는 프랑스 스트라스부르에서 태어났고, 그곳에서 김나지움을 다녔다. 졸업 후 그는 카를스루에 공과대학에서 화학을 공부했다.

1834년에 집으로 돌아온 그는 아버지의 회사에 들어갔지만 곧 사업이 자신과 맞지 않는다는 것을 알게 되었고, 20세에 아버지와 의견 차이를 겪은 후 기병 연대에 입대했다. 몇 달 만에 군 생활에 싫증을 느끼고 1836년 독일 기센대학교의 리비히의 연구실에서 일했다. 그는 기센대학에서 18개월 동안 머물렀고 1837년에 다시 아버지의 회사에 들어갔다. 그러나 또다시 아버지와 다투었고, 1838년 리비히의 소개로 파리로 갔다. 파리에서 뒤마의 강의를 들었고, 1841년 뒤마의 도움으로 몽펠리에대학 화학 교수가 되었다.

화학군 게르하르트가 생각한 네 가지 형은 뭐죠?

정교수 그는 모든 유기화합물은 물형, 수소형, 염화수소형, 암모니아형의 네 가지 형 중의 하나라고 생각했어.

$$\left.\begin{array}{l}\mathrm{H}\\\mathrm{H}\end{array}\right\} \qquad \left.\begin{array}{l}\mathrm{H}\\\mathrm{H}\end{array}\right\}\mathrm{O} \qquad \left.\begin{array}{l}\mathrm{H}\\\mathrm{Cl}\end{array}\right\} \qquad \left.\begin{array}{l}\mathrm{H}\\\mathrm{H}\\\mathrm{H}\end{array}\right\}\mathrm{N}$$

수소 물 염화수소 암모니아

화학군 수소형 유기화합물에는 어떤 것이 있죠?

정교수 대표적인 것으로는 에테인(C_2H_6)이 있어. 이것을 게르하르트의 표현으로 쓰면 다음과 같아.

$$\left.\begin{array}{l}\mathrm{CH_3}\\\mathrm{CH_3}\end{array}\right\}$$

화학군 물형 유기화합물의 예를 들어주세요.

정교수 에틸알코올(C_2H_6O)을 예로 들 수 있어. 이것을 게르하르트의 표현으로 쓰면 다음과 같아.

$$\left.\begin{matrix} C_2H_5 \\ H \end{matrix}\right\} O$$

화학군 염화수소형 유기화합물의 예를 들어 주세요.

정교수 클로로에테인(C_2H_5Cl)을 예로 들 수 있어. 이것을 게르하르트의 표현으로 쓰면 다음과 같아.

$$\left.\begin{matrix} C_2H_5 \\ Cl \end{matrix}\right\}$$

화학군 암모니아형 유기화합물의 예를 들어 주세요.

정교수 에틸아민(C_2H_7N)을 예로 들 수 있어. 이것을 게르하르트의 표현으로 쓰면 다음과 같아.

$$\left.\begin{matrix} C_2H_5 \\ H \\ H \end{matrix}\right\} N$$

프랭크랜드와 원자가 _ 화학결합에서 원자가의 개념을 처음 도입하다

프랭크랜드(1825~1899년)는 영국 랑카셔의 캐터랄에서 태어났다. 1833년에 가족과 함께 랑카스터로 이사했고, 이때부터 그는 화학에 관심을 가졌다. 1840년에 약사인 로스의 견습생으로 일했다. 1845년에 리옹에서 화학을 공부한 후 1847년에는 독일 마그데부르크대학에서 분젠과 함께 일했다. 그 후 기센대학으로 가서 리비히의 제자가 되었다. 1851년 신설 대학인 맨체스터대학의 화학과 교수가 되었다.

1868년 제2차 왕립 위원회의 위원으로 임명되어 정부로부터 실험실을 제공받았고, 그곳에서 6년 동안 하수구 폐기물의 오염 및 가정용 정수에 관한 연구를 했다. 그는 높이 6피트, 지름 10인치의 유리 실린더를 사용하여 실험실에서 여과 실험을 했다. 거친 자갈, 모래 및 토탄 토양의 5가지 필터를 사용해 폐수를 여과하는 데 성공했다.

프랭크랜드

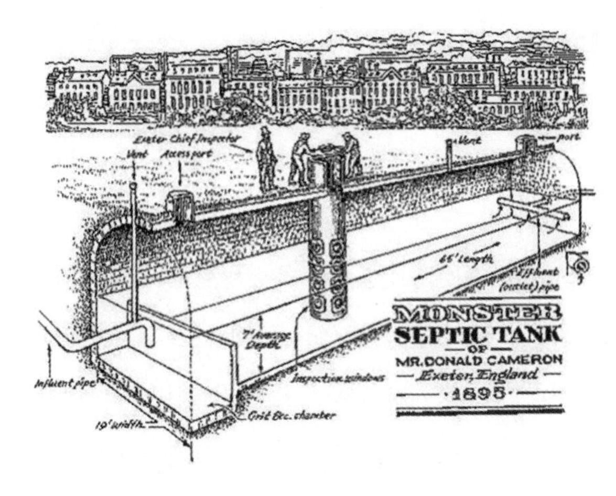

프랑크랜드의
여과 실험 장치

화학군　프랭크랜드는 유기화학에서 어떤 업적을 남겼죠?

정교수　프랭크랜드는 1852년 화학결합에서 원자가의 개념을 처음 도입했어. 원자가는 화학결합에서 어떤 원자가 이웃한 원자들과 결합되어 있는 가짓수를 말해.

화학군　무슨 말인지 모르겠어요.

정교수　수소 원자 두 개가 결합해 수소 분자를 만드는 경우를 생각해 봐. 이것은

$$H-H$$

라고 나타낼 수 있어. 그러므로 수소의 원자가는 1이 돼. 이때 수소를 1가 수소라고 불러. 이번에는 물 분자를 예로 들게. 물 분자는 수소 원자 두 개와 산소 원자 하나로 이루어져 있으니까

$$H-O-H$$

라고 쓸 수 있어. 이때 산소는 두 개의 수소 원자와 결합되어 있으므로 산소 원자의 원자가는 2가 돼. 즉 물 분자는 2가 산소와 1가 수소 두 개가 결합된 것이지.

이번에는 암모니아를 예로 들게. 암모니아는 다음 그림과 같아.

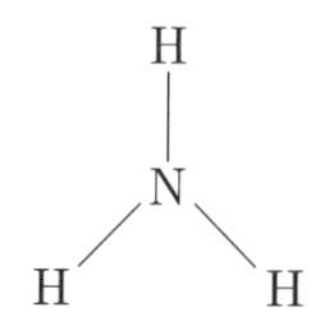

그러니까 암모니아는 3가 질소와 세 개의 1가 수소로 결합되어 있어. 이번에는 산소 원자 두 개가 산소 분자를 만드는 경우를 알아보자. 산소는 원자가가 2이므로 산소 원자와 산소 원자 사이에는 두 개의 선이 필요해. 그러니까 산소 분자를 그림으로 나타내면

$$O=O$$

가 되지. 이렇게 두 개의 선에 의해 연결된 결합을 이중결합이라고 한단다.

4가 원소를 찾아서 _ 원자가가 4인 경우를 발견한 케쿨레와 쿠퍼

정교수 앞에서 우리는 암모니아 분자에서 질소가 3가라는 것을 배웠어. 이제 원자가가 4인 경우를 찾은 두 과학자의 이야기를 해줄게. 먼저 케쿨레(1829~1896년)에 대해 알아보자.

케쿨레

케쿨레는 독일 다름슈타트에서 태어났다. 다름슈타트 김나지움을 졸업한 후 1847년 건축을 공부하기 위해 기센대학교에 입학했다. 첫 학기에 리비히의 화학 수업에 매료되어 화학을 공부하기로 생각을 바꾸었다. 졸업 후 파리에서 뒤마와 함께 연구했다. 1853년부터 1855년까지 런던의 바톨로뮤병원에서 조교로 일했다. 1856년에 하이델베르크대학에서 강의를 했고, 1858년에 겐트대학교 교수가 되었다.

1857년 케쿨레는 탄소가 원자가가 4인 형태로 네 개의 수소 원자와 결합해 메테인(흔히 메탄이라고 부르지만 정식 발음은 메테인이다.)을 만든다는 것을 알아냈다. 이것은 게르하르트의 네 가지 형에 속하지 않으므로 제5의 형이라고 부른다. 제5의 형인 메테인을 게르하르트의 그림으로 묘사하면 다음과 같다.

$$\left.\begin{matrix} H \\ H \\ H \\ H \end{matrix}\right\} C$$

화학군 현재의 분자식으로 쓰면 CH_4가 되는군요.

정교수 맞아. 일 년 후 탄소의 원자가가 4라고 주장한 또 한 명의 화학자는 쿠퍼(1831~1892년)야.

쿠퍼는 영국 스코틀랜드 글래스고에서 태어났다. 쿠퍼의 아버지는 방직 공장을 경영해서 쿠퍼는 어린 시절 부유하게 자랐다. 그는 글래스고대학과 에딘버러대학에서 철학을 공부했다. 그 후 1854년 베를린대학에서 화학을 공부했고, 1856년에는 파리의과대학의 뷔르츠의 연구실에 들어갔다. 이때부터 본격적으로 화학을 연구한 쿠퍼는 1858년에 탄소 원자는 결합에 따라 2가 탄소일 수도 있고 4가 탄

쿠퍼

소일 수 있다고 생각했다. 탄소 원자가 산소 원자 한 개와 결합해 일산화탄소를 만들 때는 이중결합이 된다.

$$C=O$$

이때 탄소의 원자가는 2가이다.

하지만 탄소 원자가 산소 원자 2개와 결합해 이산화탄소를 만들 때는 두 개의 이중결합이 생긴다.

$$O=C=O$$

즉, 이때 탄소의 원자가는 4가이다.

쿠퍼는 이 내용을 프랑스어 논문으로 발표했다.

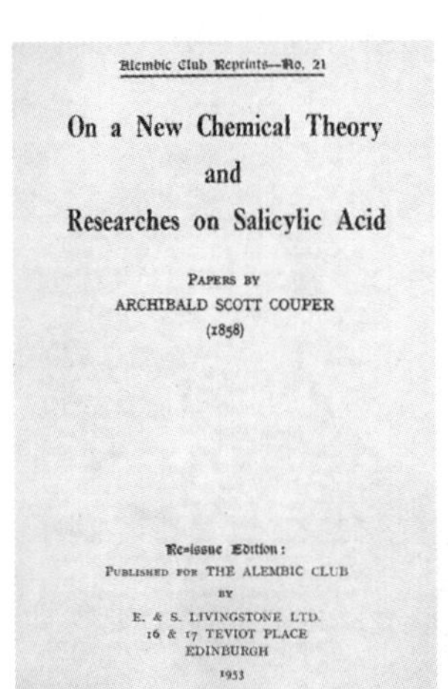
Alembic Club Reprints—No. 21

On a New Chemical Theory
and
Researches on Salicylic Acid

PAPERS BY
ARCHIBALD SCOTT COUPER
(1858)

Re-issue Edition:
PUBLISHED FOR THE ALEMBIC CLUB
BY
E. & S. LIVINGSTONE LTD.
16 & 17 TEVIOT PLACE
EDINBURGH
1953

1858년에 쿠퍼가 발표한 논문의 영문판(1953년)

브라운의 구조식 _ 유기화학물의 구조식을 그림으로 나타낸 브라운

정교수 이제 유기화합물의 구조식을 처음 사용한 브라운(1838~1922년)의 이야기를 해볼게.

브라운

브라운은 영국 스코틀랜드 에든버러에서 목사의 외아들로 태어났다. 어린 시절부터 발명에 소질이 있어, 천을 짜는 실용적인 기계를 만들기도 했다. 에든버러에 있는 왕립고등학교를 졸업하고 1854년에 에든버러대학교에 입학해 예술을 전공했다. 대학원으로 진학해 화학으로 전공을 바꾸어 1858년에 화학 석사학위를 받았고, 1861년에 의학 박사학위를 받았다. 그는 일 년 후에 런던대학에서 박사학위를 받고 독일로 건너가 분젠과 콜베에게 화학을 배웠다. 1863년 에딘버러대학에서 화학을 가르쳤다.

유기화학의 역사에서 브라운의 가장 큰 업적은 유기화합물의 구조식을 그림으로 나타낸 것이다. 1864년에 그는 분자의 구조식을 그리기 시작했는데, 그 그림에서 원자 기호를 원으로 묶고 점선을 사용하여 각 원자의 원자가를 만족시키는 방식으로 원자 기호를 함께 연결했다.

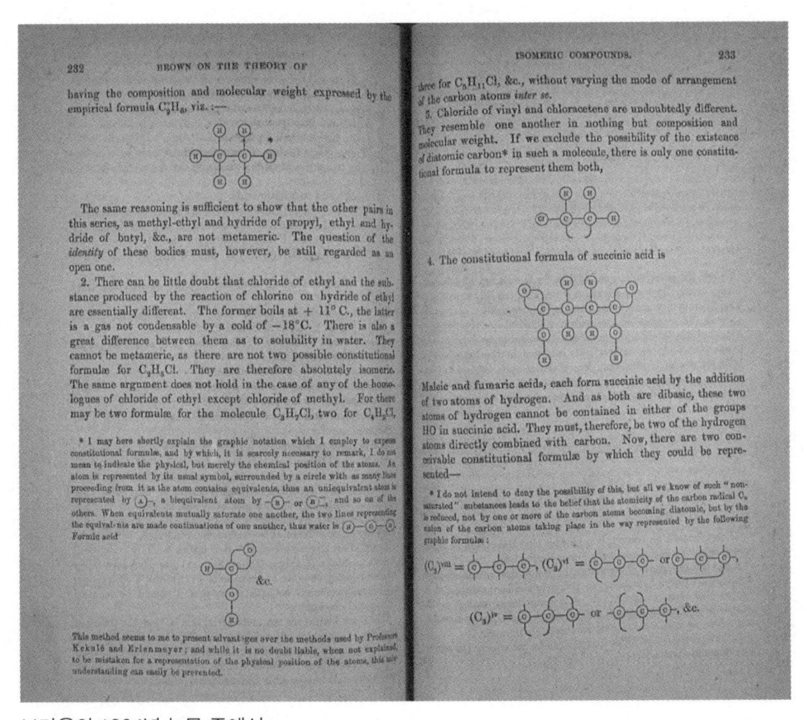

232 BROWN ON THE THEORY OF

having the composition and molecular weight expressed by the empirical formula C_2H_6, viz. :—

The same reasoning is sufficient to show that the other pairs in this series, as methyl-ethyl and hydride of propyl, ethyl and hydride of butyl, &c., are not metameric. The question of the *identity* of these bodies must, however, be still regarded as an open one.

2. There can be little doubt that chloride of ethyl and the substance produced by the reaction of chlorine on hydride of ethyl are essentially different. The former boils at + 11° C., the latter is a gas not condensable by a cold of −18°C. There is also a great difference between them as to solubility in water. They cannot be metameric, as there are not two possible constitutional formulæ for C_2H_5Cl. They are therefore absolutely isomeric. The same argument does not hold in the case of any of the homologues of chloride of ethyl except chloride of methyl. For there may be two formulæ for the molecule C_3H_7Cl, two for C_4H_9Cl,

* I may here shortly explain the graphic notation which I employ to express constitutional formulæ, and by which, it is scarcely necessary to remark, I do not mean to indicate the physical, but merely the chemical position of the atoms. An atom is represented by its usual symbol, surrounded by a circle with as many lines proceeding from it as the atom contains equivalents, thus an uniequivalent atom is represented by (A)—, a biequivalent atom by —(B)— or (B)=, and so on of the others. When equivalents mutually saturate one another, the two lines representing the equivalents are made continuations of one another, thus water is (H)—(O)—(H). Formic acid

&c.

This method seems to me to present advantages over the methods used by Professors Kekulé and Erlenmeyer; and while it is no doubt liable, when not explained, to be mistaken for a representation of the physical position of the atoms, this misunderstanding can easily be prevented.

ISOMERIC COMPOUNDS. 233

three for $C_5H_{11}Cl$, &c., without varying the mode of arrangement of the carbon atoms *inter se*.

3. Chloride of vinyl and chloracetene are undoubtedly different. They resemble one another in nothing but composition and molecular weight. If we exclude the possibility of the existence of diatomic carbon* in such a molecule, there is only one constitutional formula to represent them both,

4. The constitutional formula of succinic acid is

Maleic and fumaric acids, each form succinic acid by the addition of two atoms of hydrogen. And as both are dibasic, these two atoms of hydrogen cannot be contained in either of the groups HO in succinic acid. They must, therefore, be two of the hydrogen atoms directly combined with carbon. Now, there are two conceivable constitutional formulæ by which they could be represented—

* I do not intend to deny the possibility of this, but all we know of such "non-saturated" substances leads to the belief that the atomicity of the carbon radical C_n is reduced, not by one or more of the carbon atoms becoming diatomic, but by the union of the carbon atoms taking place in the way represented by the following graphic formulæ:

&c.

브라운의 1864년 논문 중에서

브라운은 탄소 원자 두 개와 수소 원자 4개로 이루어진 에틸렌을 다음과 같이 나타냈다.

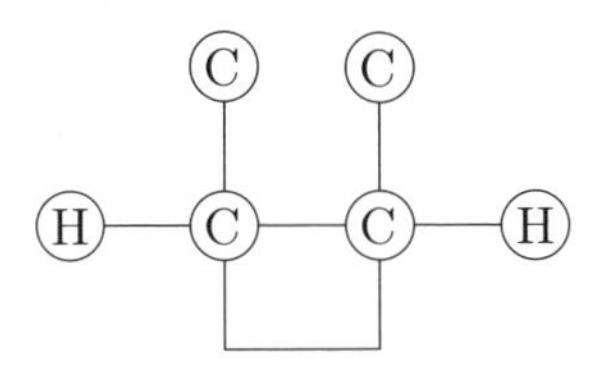

화학군　4가 탄소이니까 탄소에 연결된 선이 네 개이군요.

정교수　맞아. 브라운은 에틸렌에서 두 탄소 원자가 이중결합을 한다는 것을 발견했어. 브라운의 그림을 현재의 기호로 나타내면 다음과 같아.

```
      C     C
      |     |
H — C ═ C — H
```

브라운의 구조식을 공부한 화학자 호프만(1818~1892년)은 크로켓 공과 막대를 이용해 화합물의 모양을 모형으로 만들었어.

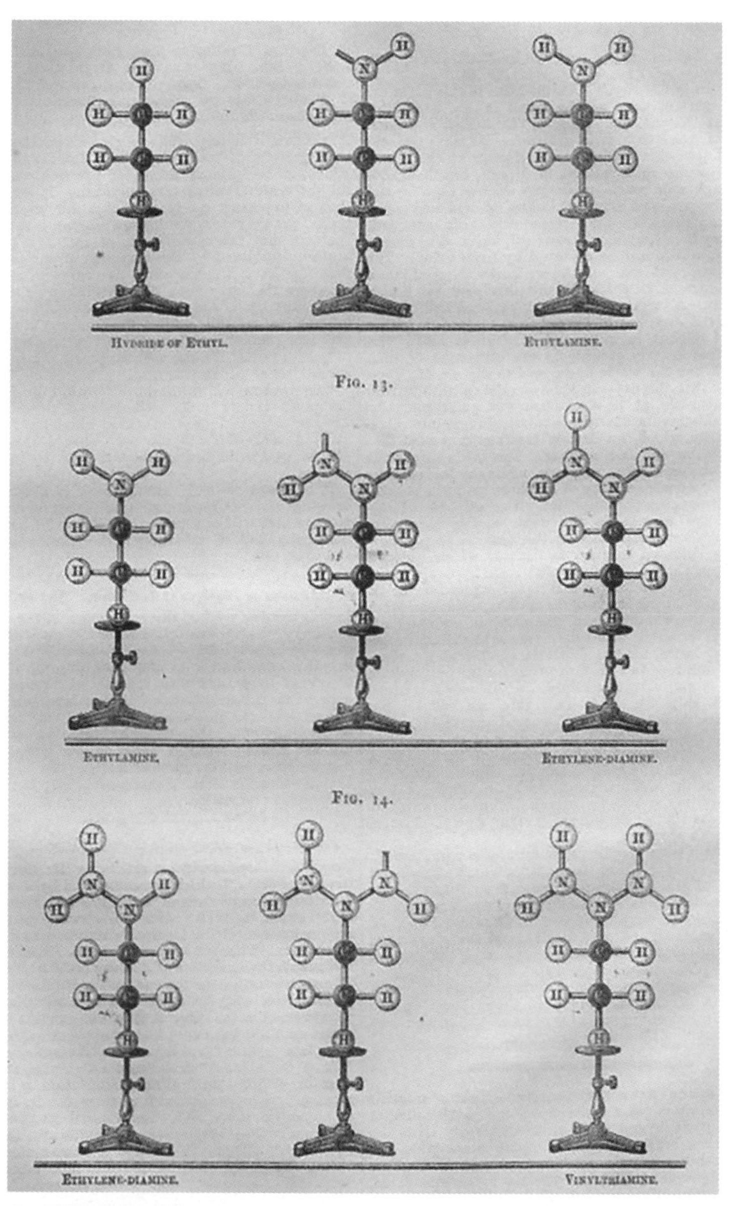
HYDRIDE OF ETHYL.
ETHYLAMINE.
FIG. 13.
ETHYLAMINE.
ETHYLENE-DIAMINE.
FIG. 14.
ETHYLENE-DIAMINE.
VINYLTRIAMINE.

호프만의 화합물 모형

벤젠의 육각고리 _ 벤젠의 구조식을 발견한 케쿨레

정교수 이제 벤젠의 구조식을 발견한 케쿨레의 이야기를 해볼게.

화학군 벤젠이 뭐죠?

정교수 벤젠은 탄소와 수소의 화합물로, 무색이며 달콤한 냄새가 나는 가연성 액체야. 탄소 원자 6개와 수소 원자 6개로 이루어져 있지. 당시 사람들은 이들 원자들이 어떻게 결합되어 있는지 몰랐어. 케쿨레는 이 문제를 연구하고 있었어. 하지만 벤젠의 구조식이 쉽게 떠오르지 않았지. 그러던 어느 날 케쿨레는 꿈에서 힌트를 얻게 되었지.

나는 난로가에 앉아 벤젠의 구조에 대해 고민하던 중 잠시 잠이 들었다. 꿈속에서 커다란 뱀 한 마리가 나타나더니 자신의 꼬리를 물면서 빙글빙글 돌고 있었다. 나는 깜짝 놀라 잠에서 깼다.

–케쿨레

꿈에서 힌트를 얻은 케쿨레는 1865년에 6개의 탄소가 육각형의 고리 모양을 이루면서 이중결합과 단일결합이 교대로 나타나면서 벤젠의 구조식을 만든다는 것을 알아냈다.

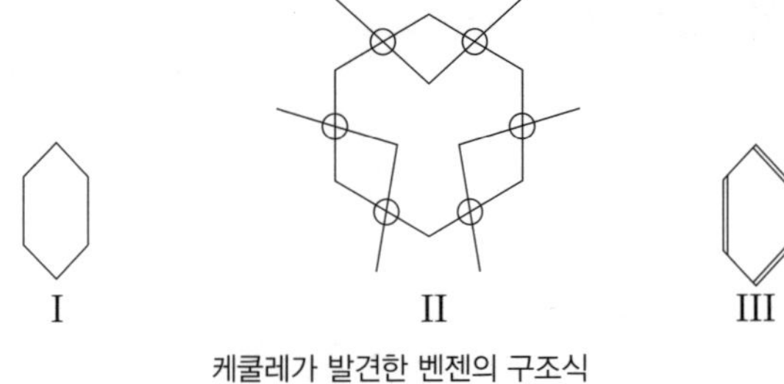

케쿨레가 발견한 벤젠의 구조식

정교수 이것을 현재의 기호로 나타내면 다음 그림과 같지.

화학군 이중결합과 단일결합이 교대되는 게 잘 보이네요! 벤젠 속의 탄소들은 모두 4가이군요.

정교수 맞아.

세 번째 만남

루이스의 화학결합이론

분석화학의 역사 _ 고대부터 시작된 분석화학

정교수 이제 잠시 분석화학의 역사를 살펴볼게.

화학군 분석화학이 뭐죠?

정교수 물질의 구성성분이나 그 양을 조사하는 화학의 한 분야야. 물질의 구성성분을 조사하는 것을 정성분석이라 하고, 포함된 성분의 양을 조사하는 것을 정량분석이라고 불러.

분석화학은 고대 시대부터 시작되었다. 고대 시대부터 사람들은 저울을 이용해 금과 은 같은 귀금속을 분석하여 순도를 결정해 왔다. 이것이 최초의 분석화학이었다. 정성분석에는 건식법과 습식법이 있다.

고대의 건식법은 금과 다른 금속의 혼합물을 분석하는 것이었다. 고대 사람은 이 시료를 높은 온도로 가열했다. 순수한 금은 영향을 받지 않았지만 시료에 포함된 다른 금속들은 산화되거나 도가니의 물질과 반응했다. 그로 인해 처음 시료의 무게와 남아 있는 순금의 무게는 달라지며, 그 차이만큼 다른 금속이 포함되어 있었다는 것을 알 수 있었다.

습식법은 17세기에 보일과 베르히만이 침전을 이용해 정량분석을 하면서 널리 알려지게 되었다. 침전물을 이용해 정량분석을 하는 습식법을 통해 원래의 광물을 구성하는 원소들의 백분율을 알아내게 되었다. 그 결과 새로운 원소들이 대거 발견되기 시작했다.

정교수 이제 분석화학의 역사에서 빼놓을 수 없는 독일의 과학자 쿤켈(1630~1703년)에 대해 알아보자.

쿤켈

쿤켈은 1630년 독일 렌츠부르크에서 태어났다. 그의 아버지는 홀슈타인 궁정의 연금술사였다. 쿤켈은 라우엔부르크 공작의 화학자이자 약제사가 되었고, 그 후 드레스덴의 왕립 연구소의 책임자가 되었다. 하지만 그에 대한 음모로 인해 1677년에 이 직책을 사임했고, 한동안 안나베르크와 비텐베르크에서 화학을 강의했다.

1679년 프리드리히 윌리엄(1620~1688, 브란덴부르크의 선제후이자 프로이센 공작으로, 1640년부터 1688년 사망할 때까지 브란덴부르크-프로이센의 통치자였다)의 초청을 받아 베를린으로 가서 브란덴부르크의 실험실 및 유리 공장의 책임자가 되었다. 1688년 스웨덴 왕 찰스 11세는 그를 스톡홀름으로 데려왔고, 1693년 그를 광산 위원회인 베르크스콜레기움의 회원으로 임명했다.

쿤켈은 1669년 카시우스의 보라색 안료(금염과 염화주석(II)의 반응으로 형성된 보라색 안료)를 혼합하여 인공 루비(붉은 유리)를 만드는 방법을 발견했다. 주요 저서로는 《아르스 비트라리아 실험(Ars Vitraria Experimentalis)》 등이 있다.

JOHANNIS KUNCKELII,
Churfürstl. Brandenb. würcklich bestallt-geheimden Cammer-Dieners,
ARS VITRARIA
EXPERIMENTALIS,
Oder vollkommene
Glasmacher-Kunst/
Lehrende/
Als in einem, aus unbetrüglicher Erfahrung, herfliessendem Commentario, über die von dergleichen Arbeit beschriebene sieben Bücher P. Anthonii Neri, von Florenz, und denen darüber gethanen gelehrten Anmerckungen Christophori Merretti, M. D. & Societ. Reg. Britann. Socii,
(so aus den Italien- und Lateinischen beyde mit Fleiß ins Hochteutsche übersetzt)
Die allerkurtz-bündigsten Manieren, das reineste Chrystall-Glas; alle gefärbte oder tingirte Gläser; künstliche Edelstein oder Flüsse; Amausen, oder Schmeltze; Doubleten/ Spiegeln/ das Tropff-Glas; die schönste Ultramarin, Lacc- und andere nützliche Mahler-Farben; ingleichen wie die Saltze zu den allerreinesten Chrystallinen Gut/ nach der besten Weise an allen Orten Teutschlands mit geringer Müh und Unkosten copieus und compendieus zu machen/ auch wie das Glas zu mehrer Perfection und Härte zu bringen. Nebst ausführlicher Erklärung aller zur Glaskunst gehörigen Materialien und Ingredientien; sonderlich der Zaffera und Magnesia x. Anzeigung der nöthigsten Kunst- und Handgriffe; dienlichsten Instrumenta; bequemsten Gefässe/ auch nebst andern des Autoris sonderbaren Ofen/ und dergleichen mehr/ nützlichen in Kupffer gestochenen Figuren.
Samt einem II. Haupt-Theil.
So in drey unterschiedenen Büchern, und mehr als 200. Experimenten bestehet/ darinnen vom Glasmahlen/ vergulden und Brennen; vom Holländischen Kunst- und Porcellan-Töpfferwerck; Vom kleinen Glasblasen mit der Lampen; Von einer Glas-Flaschen-Forme/ die sich viel 1000. mal verändern lässet; Wie Kräuter und Blumen in Silber abzugiessen; [illegible] zu tractiren; Rare Spick- und Lacc-Fürnisse! Türckisch Papier; x. Item der vortreffliche [illegible] Gold-Strau-Glantz; und viel andere ungemeine Sachen zu machen/ gelehret werden/
Mit einem Anhange von denen Perlen und fast allen natürlichen Edelsteinen; Wobey auch in gewissen Tabellen [illegible] zu sehen/ wie sich die [illegible] derselben nach dem Gewicht an ihrem Preiß verhalten/ und einem vollständigen Register.
Alles hin und wieder in dieser dritten Edition um ein merckliches vermehret.
Nürnberg/ in Verlegung Christoph Riegels/ Buchhändlers unter der Vesten. 1743.

《아르스 비트라리아 실험》의 표지

정교수 다음으로 중요한 과학자는 프레제니우스(1818~1897년)야.

프레제니우스

프레제니우스는 1818년 12월 28일 독일 프랑크푸르트에서 태어났다. 고향의 약국에서 일하다 1840년 본대학에 입학했고, 1년 후 기센으로 이주하여 리비히의 실험실에서 조수로 일했으며, 1843년에 조교수가 되었다.

1845년에 비스바덴 농업 연구소의 화학, 물리학 및 기술 의장으로 임명되었으며, 3년 후 화학 실험실의 최고 책임자가 되었다. 프레제니우스는 분석화학에 몰두했으며, 세계 최초로 분석화학에 관한 논문인 《Zeitschrift für analytische Chemie》를 발행했다. 그는 금속을 여섯 개의 족으로 분류했고, 이 내용을 논문으로 발표했다.

화학군 정량분석은 무게뿐만 아니라 부피와도 관계있겠네요?

정교수 맞아. 반응을 완결시키는 데 필요한 시약의 양을 측정하는 것을 적정법이라 하는데, 1729년에 지오프로이가 처음 발표했지. 그는 식초에 들어 있는 산의 세기를 측정하고 싶어 했어. 식초에 곱게

가루로 만든 수산화칼륨을 거품이 생기지 않을 때까지 조금씩 넣어서, 평형에 도달할 때까지 수산화칼륨을 사용한 양으로부터 식초에 들어 있는 산의 세기를 측정했어. 그리고 이러한 원리를 이용한 부피분석장치를 최초로 개발한 과학자는 프랑스의 약제사 데스크로이즈(1751~1825년)야.

데스크로이즈

데스크로이즈는 프랑스 디에프에서 태어났다. 그의 아버지는 약제사였기 때문에 그는 아버지의 약국에서 연고를 만드는 방법을 배울 수 있었다. 이후 프랑수아 기욤 루엘의 지도로 1778년에 약제사 자격을 얻었다. 그 후 루앙에서 응용화학 교수가 되었다.

데스크로이즈는 베르톨레가 염소로 직물을 표백시킬 수 있다는 것을 발견하자 곧바로 표백 공장을 설립했다. 너무 진한 염소 용액은 직물을 손상시키는데, 이 문제를 해결하기 위해 부피를 정확하게 잴 수 있는 눈금이 새겨진 유리관을 발명했다. 그는 이 관의 이름을 베르톨레미터라고 불렀다.

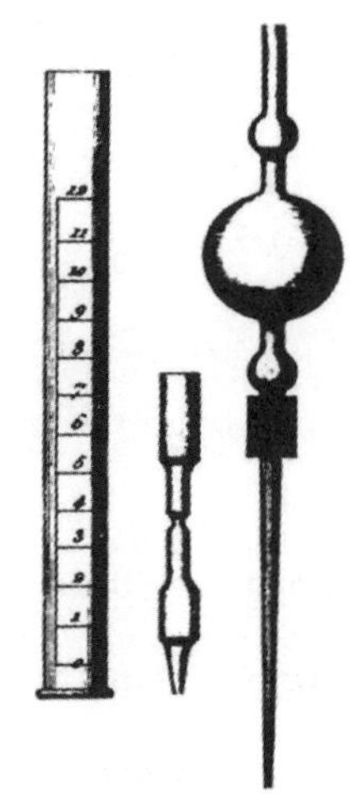
데스크로이즈가 발명한 베르톨레미터의 개념도

1802년에 데스크로이즈는 분쇄 커피로 채워

진 필터에 끓는 물을 부어서 바닥으로 운반하는 주석 실린더 '카페올렛'을 발명했다. 이것이 바로 세계 최초의 커피메이커이다.

데스크로이즈는 많은 실험장치를 발명했는데 그중 가장 유명한 것은 뷰렛이다. 뷰렛은 용액의 흐름을 조절하는 역할을 한다.

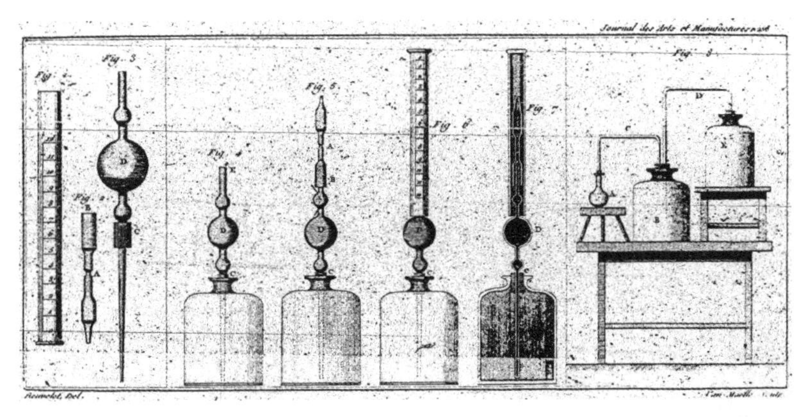

데스크로이즈가 발명한 뷰렛의 개념도

게이뤼삭의 뷰렛

뷰렛이라는 용어는 1824년 게이뤼삭이 처음 사용했다. 게이뤼삭은 또한 좀 더 개량된 뷰렛을 만들었다.

그 후 프랑스의 약사인 앙리(1798~1873년)가 오늘날과 같은 모습의 뷰렛을 발명했다.

원자 모형의 등장 _ 톰슨의 원자 모형과 러더퍼드의 원자 모형

정교수 이제 화학결합의 연구에 한 획을 그은 루이스의 논문 속으로 들어갈 거야. 그전에 20세기 초의 새로운 발견들에 대해 좀 알아볼 필요가 있어. 화학결합에 대한 이론이 본격적으로 등장한 것은 톰슨(1856~1940년)이 전자를 발견하면서부터야.

톰슨

톰슨은 전자가 음의 전기를 띠고 있고 이것이 원자 속에 들어 있으므로, 원자는 양의 전기를 띤 부분과 음의 전기를 띤 전자들로 이루어져 있다고 생각했지.

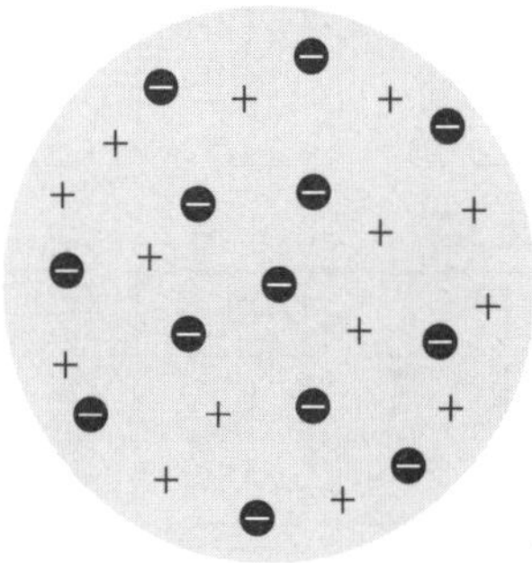

톰슨의 원자 모형

화학군 이 그림은 톰슨의 원자 모형이군요.

정교수 맞아. 톰슨은 원자들이 서로 다른 종류가 되는 이유는 원자 속의 전자의 개수가 다르기 때문이라고 생각했지. 하지만 톰슨은 화학결합과 전자의 관계에 대해서는 알지 못했어.

1909년 톰슨의 제자인 러더퍼드(1871~1937년)는 양의 전기를 띤 원자핵의 주위를 전자들이 회전한다고 생각했다.

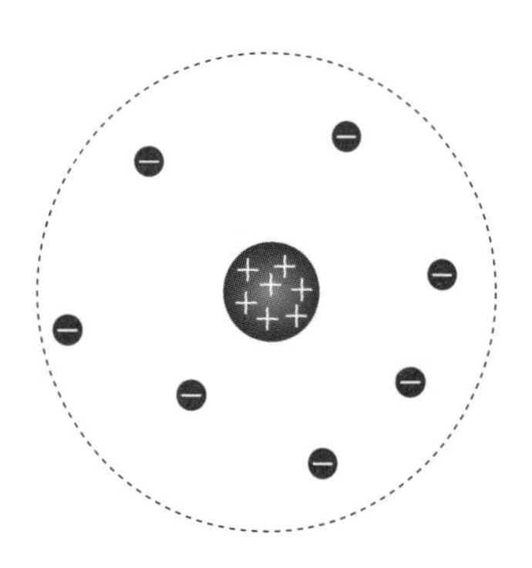

러더퍼드는 원자핵의 주위를 도는 전자들의 개수가 원자번호를 나타낸다고 생각했다.

원소	원소기호	전자의 수
수소	H	1
헬륨	He	2
리튬	Li	3
베릴륨	Be	4
붕소	B	5
탄소	C	6
질소	N	7
산소	O	8
플루오린	F	9
네온	Ne	10

1913년 보어(1885~1962년)는 러더퍼드의 원자 모형을 수정했다. 그는 전자가 원자핵 주위를 특정한 궤도에서 회전한다는 것을 알아냈다. 그는 이 궤도를 전자껍질이라고 불렀다. 보어는 안쪽 껍질부터 차례로 K-껍질, L-껍질, M-껍질, N-껍질이라고 불렀다. 그는 각각의 전자껍질에 주양자 수라고 부르는 정수를 부여했다. 주양자 수는 n이라고 쓰는데, K-껍질, L-껍질, M-껍질, N-껍질에 대응되는 주양자 수는 각각 $n = 1$, $n = 2$, $n = 3$, $n = 4$가 된다. 또한 보어는 각 껍질에 채워질 수 있는 최대의 전자 수는 $2n^2$개임을 알아냈다. 즉 K-껍질에는 최대 2개의 전자가 채워질 수 있고, L-껍질에는 최대 8개의

전자가, M-껍질에는 최대 18개의 전자가 채워질 수 있다.

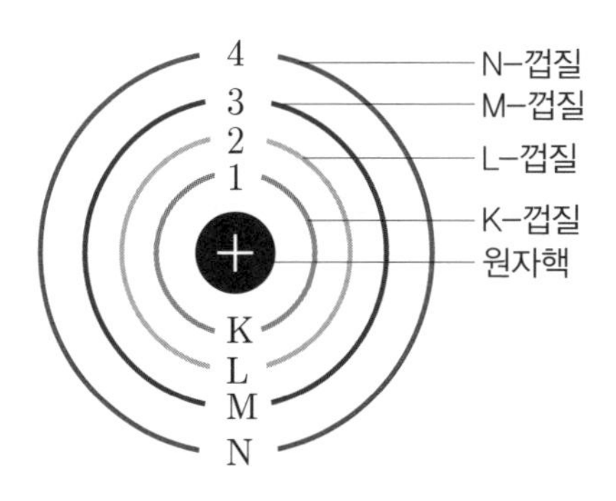

화학군 K-껍질에만 전자가 채워지는 건 수소와 헬륨이군요.

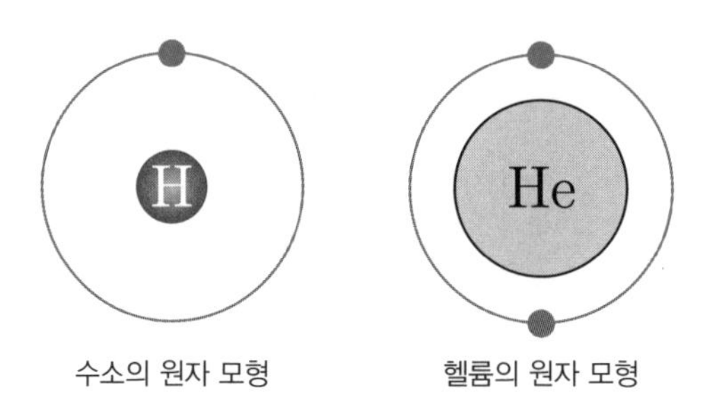

수소의 원자 모형 헬륨의 원자 모형

정교수 맞아. 원자번호 3번 리튬부터 10번 네온까지는 K-껍질과 L-껍질에 전자가 채워져 있고, 원자번호 11번 나트륨은 K-껍질, L-껍질, M-껍질에 전자가 채워져 있어.

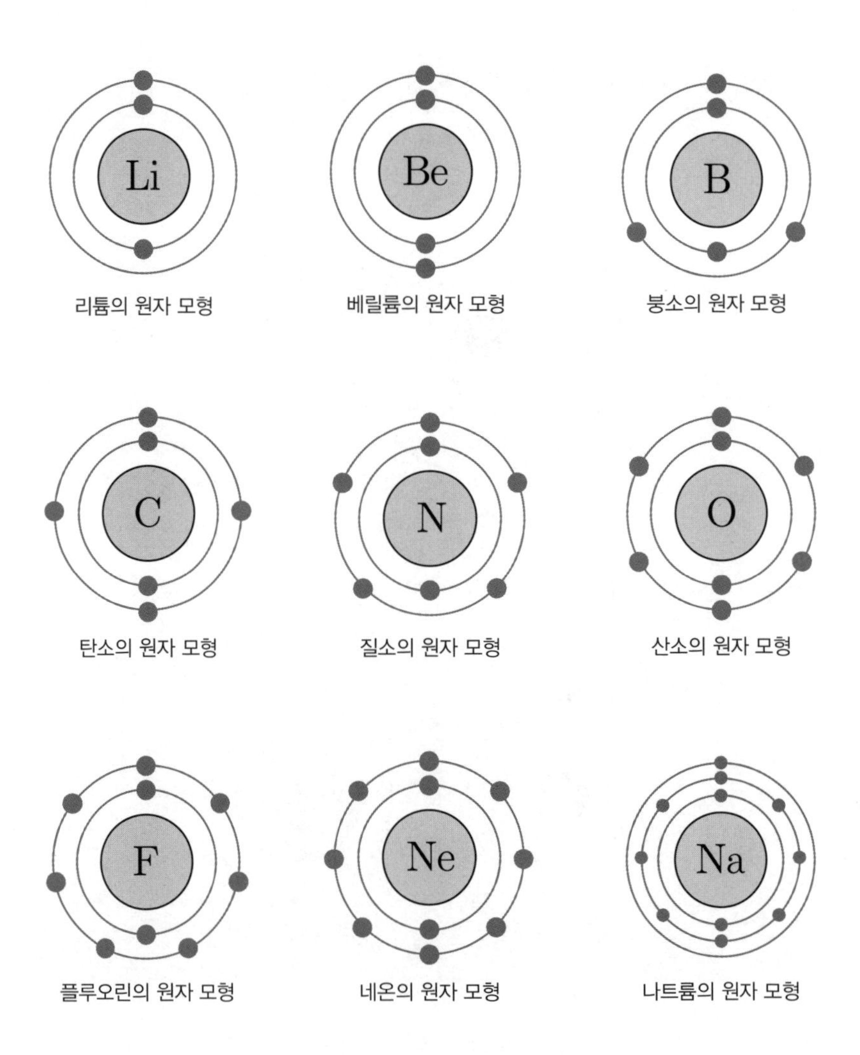

리튬의 원자 모형
베릴륨의 원자 모형
붕소의 원자 모형
탄소의 원자 모형
질소의 원자 모형
산소의 원자 모형
플루오린의 원자 모형
네온의 원자 모형
나트륨의 원자 모형

이때 가장 마지막 껍질에 있는 전자를 가전자라고 부른다. 즉 리튬의 가전자는 L-껍질에 있는 전자이고, 나트륨의 가전자는 M-껍질에 있는 전자이다. 예를 들어, 원자번호 3번부터 10번까지의 가전자 수는 다음과 같다.

원소	원소 기호	가전자 수
리튬	Li	1
베릴륨	Be	2
붕소	B	3
탄소	C	4
질소	N	5
산소	O	6
플루오린	F	7
네온	Ne	8

화학결합이론의 창시자 루이스 _ 화학결합을 설명하기 위해 정육면체 원자 모형을 도입하다

정교수 이제 화학결합의 초기 이론을 만든 루이스(1875~1946년)에 대해 이야기해 볼게.

루이스

루이스는 미국 매사추세츠주의 웨이머스에서 태어났다. 그는 어린 시절 변호사인 부모에게 초등교육을 받았는데, 세 살 때부터 책을 읽을 정도로 영특했다. 1884년에 그의 가족은 네브래스카주 링컨으로 이사했고, 1893년 네브래스카대학교에 입학한 후 2년 뒤에 하버드대학교로 편입하여 학사학위를 취득했다. 루이스는 앤도버에 있는 필립스 아카데미에서 1년 동안 강의한 후 1899년 하버드대학교에서 박사학위를 받았다.

하버드대학교에서 1년 동안 강의한 후 물리학과 화학의 중심지인 독일 괴팅겐대학교로 가서 네른스트(1864~1941년, 1920년 노벨화학상 수상)와 공동연구를 했고, 라이프치히대학교에서 오스트발트(1853~1932년, 1909년 노벨화학상 수상)와 함께 공동연구했다.

독일에서 돌아온 루이스는 하버드대학교에서 강사로 활동하다 1905년 매사추세츠공과대학교(MIT)에서 열역학에 대한 연구를 시작했다. 1907년 매사추세츠공과대학교의 교수가 되었고, 1912년 버클리대학교의 물리화학 교수이자 화학대학의 학장을 맡았다.

1908년 활동도에 대한 개념을 도입하여 열역학의 기초를 마련했고, 1916년경부터 옥텟 규칙, 공유결합이론, 산염기이론 등을 연구했다. 그는 화학결합을 설명하기 위해 정육면체 원자 모형을 도입했다.

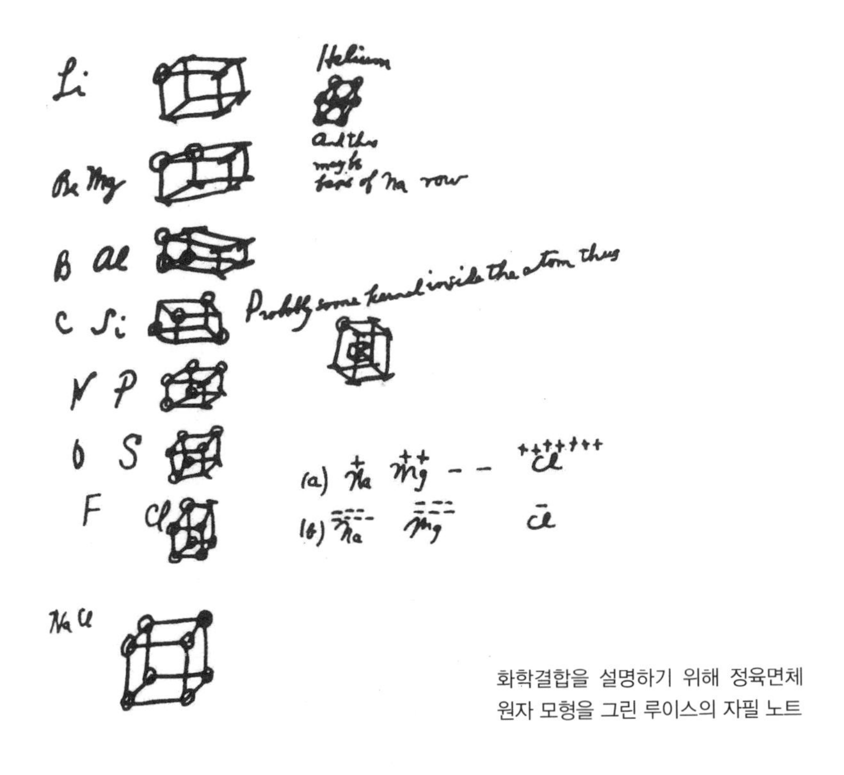

화학결합을 설명하기 위해 정육면체
원자 모형을 그린 루이스의 자필 노트

화학군 루이스가 새로운 원자 모형을 생각한 건가요?

정교수 맞아. 루이스는 양자에 대해 공부하지 않았어. 그러니까 보어의 원자 모형에 대해서는 잘 몰랐지. 루이스는 1902년부터 전자와 화학결합의 관계에 대해 고민했어. 그리고 1916년 결합 후 가전자 수가 8개가 되면 안정된 상태가 된다고 생각했지. 루이스는 8개의 점을 가진 도형인 정육면체를 생각했어. 가전자를 정육면체의 각 꼭지점의 개수만큼 나타냈지. 이것을 정육면체 원자 모형이라고 불러.

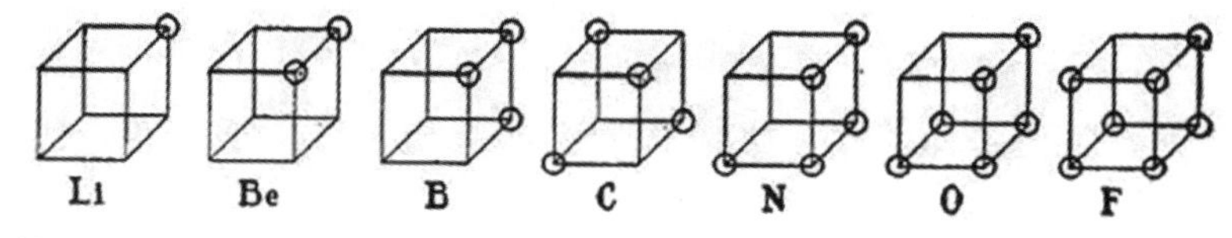

원자번호 3번부터 9번까지의 정육면체 원자 모형

루이스의 이론에 따르면, 네온은 가전자 수가 8개이므로 안정된 원소이다. 그러므로 네온은 다른 원소들과 화학결합을 잘 하지 않는다. 또한 리튬은 가전자 수가 1개이므로 8−1=7개의 가전자 수를 가진 플루오린과 화학결합을 해

$$LiF$$

를 만들고, 베릴륨은 가전자 수가 2개이므로 8−2=6개의 가전자 수를 가진 산소와 화학결합을 해

$$BeO$$

를 만든다. 루이스는 이 경우 가전자 수가 작은 원소가 자신의 가전자들을 가전자 수가 많은 원소에게 주어서 안정된 원소가 되려 한다고 생각했다. 이렇게 가전자를 다른 원소에게 주어서 결합을 하는 것을 이온결합이라고 부른다. 이때 가전자를 준 원소는 양이온이 되고, 가전자를 받은 원소는 음이온이 된다.

루이스가 다음으로 생각한 결합은 두 개의 원자가 가전자를 공유하는 공유결합이었다. 루이스는 염소 원자 두 개가 결합해 염소 분자

를 만드는 상황을 생각했다. 염소 원자는 7개의 가전자를 가지고 있으므로 다음 그림과 같다.

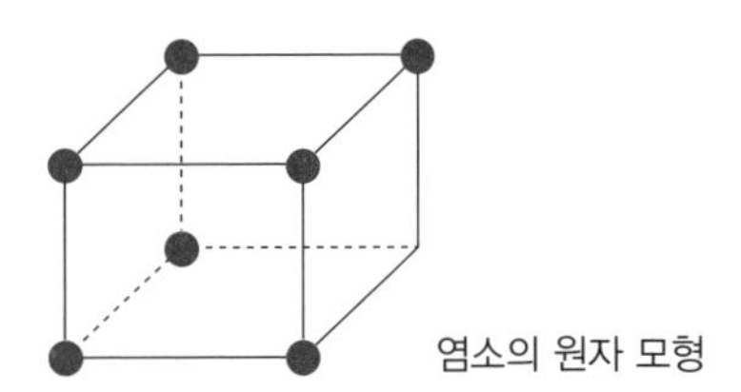
염소의 원자 모형

루이스는 두 염소 원자의 결합을 다음 그림으로 설명했다.

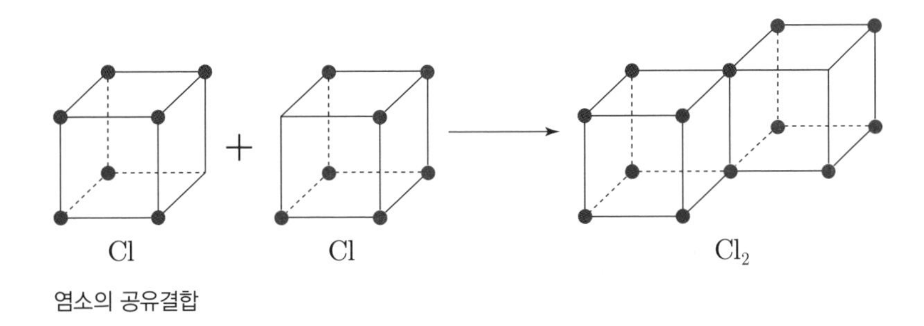

염소의 공유결합

이런 식으로 두 염소 원자를 나타내는 정육면체의 모서리를 공유하면 두 염소 원자는 8개의 가전자를 가진 안정된 형태가 된다.

루이스는 산소 원자 두 개가 산소 분자를 만드는 것도 생각했다. 산소는 가전자가 6개이므로 다음 그림과 같다.

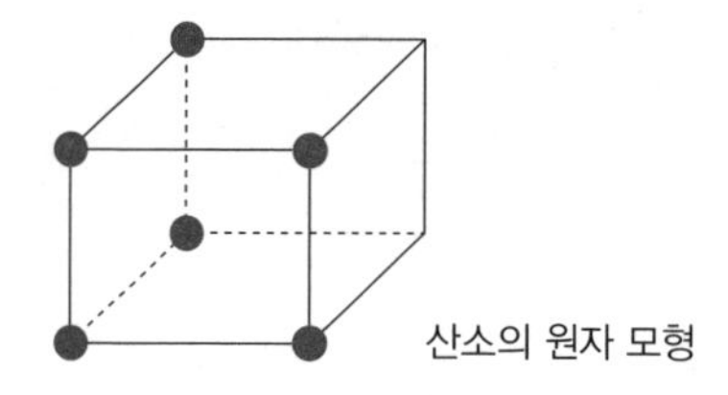

산소의 원자 모형

루이스의 이론에 의하면 산소 원자 두 개가 결합하는 경우는 다음과 같다.

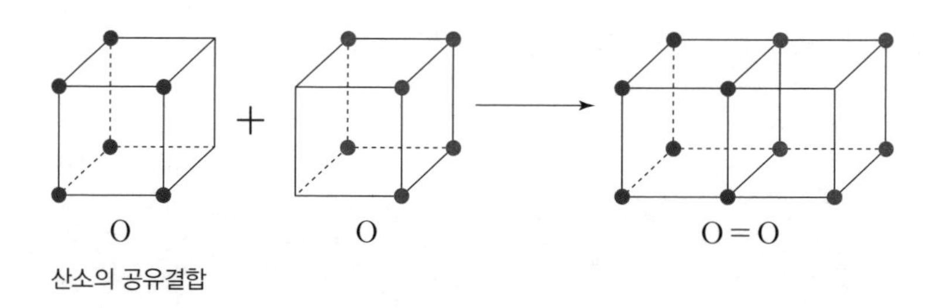

산소의 공유결합

이 경우는 하나의 면을 공유하는 방식인데, 산소의 이중결합을 설명해 준다. 이때 두 개의 가전자가 화학결합에서 공유되는 것을 알 수 있다.

그런데 루이스의 정육면체 원자 모형은 삼중결합의 경우는 설명할 수 없었다. 예를 들어, 질소 원자 두 개가 질소 분자가 되는 경우를 생각해 보자. 질소 원자는 가전자가 5개이므로, 두 질소 원자는 다음 그림과 같다.

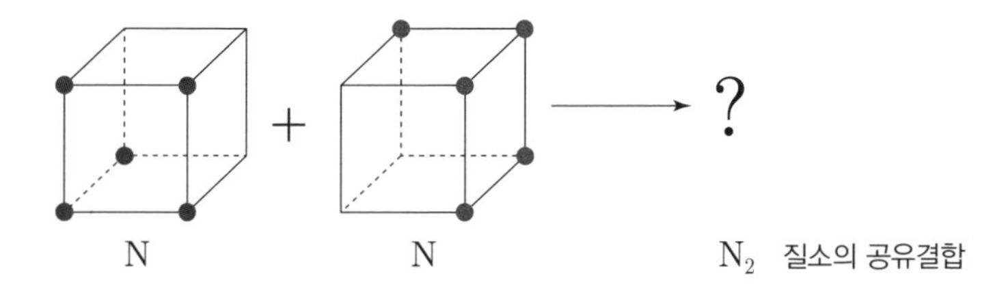

N_2 질소의 공유결합

이 경우는 모서리의 면을 공유해도 세 개의 공유 가전자를 가지는 결합을 만들 수가 없었다.

루이스의 점 기호 _ 정육면체 원자 모형으로 설명하지 못하는 화학결합을 설명하다

화학군 그럼, 루이스는 삼중결합에 대해서는 아예 설명하지 못했나요?

정교수 루이스는 정육면체 대신 가전자를 점으로 나타내는 방법을 생각했어. 예를 들어, 황은 가전자 수가 6개이므로 다음과 같이 나타낼 수 있지.

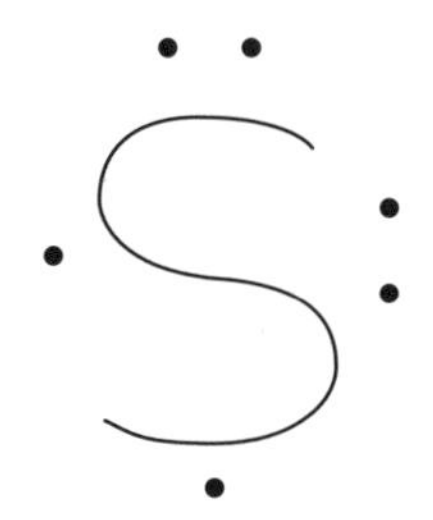

루이스는 이 점들을 전자점이라고 불렀어. 원소들을 가전자 수에 따라 루이스의 점 기호로 나타내면 다음과 같아.

HYDROGEN 1 H	PERIODIC TABLE ELEMENTS 1–20						HELIUM 2 He
LITHIUM 3 Li	BERRYLLIUM 4 Be	BORON 5 B	CARBON 6 C	NITROGEN 7 N	OXYGEN 8 O	FLOURINE 9 F	NEON 10 Ne
SODIUM 11 Na	MAGNESIUM 12 Mg	ALUMINUM 13 Al	SILICON 14 Si	PHOSPHORUS 15 P	SULFUR 16 S	CHLORINE 17 Cl	ARGON 18 Ar
POTASSIUM 19 K	CALCIUM 20 Ca						

원자번호 1번부터 20번까지의 원소들을 루이스의 점 기호로 나타낸 것

루이스는 점 기호를 이용해 나트륨과 염소가 염화나트륨으로 이온 결합하는 것을 설명했어.

나트륨과 염소의 점 기호

나트륨의 가전자 한 개가 염소로 이동해 나트륨은 양이온이 되고 염소는 음이온이 되는 것이 이온결합이야.

염화나트륨의 이온결합

화학군 그럼, 공유결합은 어떻게 설명했나요?

정교수 예를 들어, 수소 원자와 수소 원자가 공유결합해 수소 분자를 만드는 경우를 볼게. 다음 그림을 보면 알 수 있어.

$$H\cdot + \cdot H \longrightarrow H:H$$

수소 원자와 수소 원자의 공유결합

이렇게 각각의 수소 원자는 상대방의 가전자를 공유해 안정된 헬륨의 모습이 되지. 이때 공유된 가전자가 한 개이므로 단일결합이야. 이것을 다음과 같이 나타내기도 해.

$$H—H$$

이번에는 아이오딘(요오드) 원자 두 개가 결합해 아이오딘 분자를 만드는 경우를 살펴볼게. 아이오딘의 가전자 수는 7개이므로 다음 그림과 같이 공유결합이 되지.

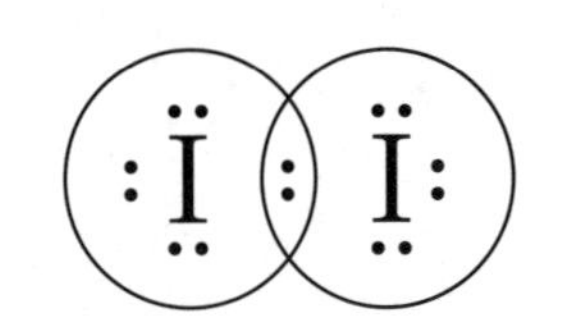

아이오딘 원자와 아이오딘 원자의 공유결합

이때의 결합은 단일결합이므로 다음 그림과 같이 나타낼 수 있어.

$$:\ddot{\underset{\cdot\cdot}{\mathrm{I}}}-\ddot{\underset{\cdot\cdot}{\mathrm{I}}}:$$

정교수 플루오린화 수소(HF)를 루이스의 점 기호로 나타내 볼까?

화학군 수소는 가전자가 1개, 플루오린은 가전자가 7개이니까 다음 그림과 같이 돼요.

$$\mathrm{H}-\ddot{\underset{\cdot\cdot}{\mathrm{F}}}:$$

정교수 다음 그림은 물을 루이스의 점 기호로 나타낸 그림이야.

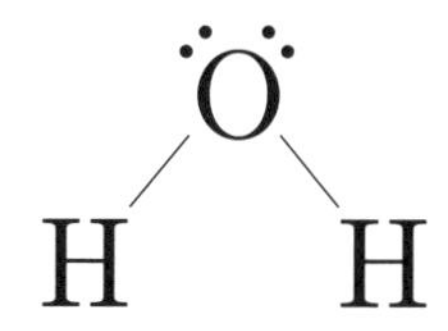

정교수 다음 그림은 암모니아를 루이스의 점 기호로 나타낸 그림이야.

정교수 다음 그림은 메테인을 루이스의 점 기호로 나타낸 그림이야.

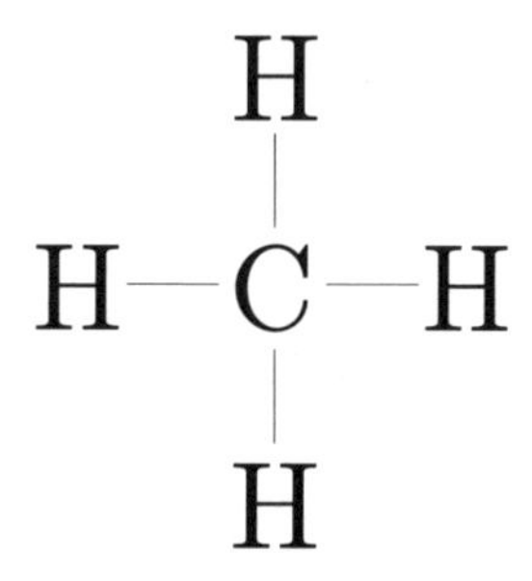

화학군 교수님, 이중결합의 예도 들어주세요.

정교수 대표적인 예는 탄소 원자 한 개와 산소 원자 두 개가 이산화탄소를 만들 때야. 이때 탄소는 4가이니까 두 개의 산소 원자들과 이중결합을 하지. 이것을 루이스의 점 기호로 나타내면 다음 그림과 같아.

$$:\ddot{O}=C=\ddot{O}:$$

루이스의 점 기호를 사용하면 삼중결합도 그림으로 나타낼 수 있어. 질소 분자를 루이스의 점 기호로 나타내면 다음 그림과 같아.

$$\ddot{N}\equiv\ddot{N}$$

화학군 루이스는 노벨화학상을 받았나요?

정교수 안타깝게도 그러지 못했어. 루이스의 연구는 노벨화학상을 받을 만한 가치가 충분히 있었어. 그가 노벨상을 받지 못한 것에 대해서는 여러 가지 구설수가 있었어. 물론 사실 여부는 알 수 없지만.

화학군 얘기해 주세요.

정교수 루이스는 독일에서 네른스트의 연구실에서 일하는 동안 네른스트의 업적들을 "화학 역사에서 유감스러운 일"이라고 하며 그의 업적을 비난했다고 해. 당시 네른스트와 친한 친구가 노벨 화학위원회의 위원이었는데, 그래서 루이스가 노벨화학상을 받지 못했다는 이야기도 있어. 루이스는 1922년부터 1946년까지 노벨화학상 최종 후보에 17번이나 올라갔지만 결국 노벨상을 받는 데는 실패했지.

네 번째 만남

●

오비탈이론

양자역학의 탄생 _ 하이젠베르크의 불확정성 원리

정교수 이제 화학결합에 양자역학을 적용한 과학자들의 이야기를 할 거야. 이것을 양자화학이라고 불러.

화학군 화학과 양자는 무슨 관계가 있죠?

정교수 우선 양자역학의 역사를 조금 살펴볼게.

화학군 양자가 뭐죠?

정교수 양자는 고전역학으로는 설명할 수 없는 기묘한 성질을 가진 입자야. 이러한 입자는 플랑크(1858~1947년)가 1900년에 처음 제안했어. 고전역학에서 입자의 운동에 대해 설명한 것은 뉴턴 역학이야. 즉 물체의 처음 위치와 처음 속도를 알면 임의의 시각에서 물체의 위치와 속도를 알 수 있지. 하지만 양자의 경우는 물체의 위치와 물체의 운동량(질량과 속도의 곱)을 동시에 정확하게 측정할 수 없어. 물체의 위치를 정확하게 측정하려고 하면 물체의 운동량 측정은 더 부정확해지고, 물체의 운동량을 정확하게 측정하려고 하면 물체의 위치는 더 부정확해지지. 즉 물체의 위치에 대한 오차와 물체의 운동량에 대한 오차가 서로 반비례하게 돼. 이것을 불확정성 원리라고 하는데, 1925년 하이젠베르크(1901~1976년)가 처음 주장했어.

하이젠베르크

위치의 오차를 위치의 불확정성이라고 부르고, Δx라고 쓴다. 마찬가지로 운동량의 오차를 운동량의 불확정성이라고 부르고, Δp라고 쓴다. 하이젠베르크는

$$\Delta x \Delta p \geq \frac{\hbar}{2}$$

라는 것을 알아냈다. 여기서 $\hbar$는 $\frac{h}{2\pi}$를 나타내고, h는 플랑크상수 [1, 2, 3]으로 그 값은

$$h \approx 6.626 \times 10^{-34} (J \cdot s)$$

이다.

물리학자들은 불확정성 원리를 만족하는 물리 방정식을 만들기 위해 측정하고자 하는 물리량 대신 연산자를 도입했다. 이들이 주로 관

심을 가진 양자는 원자 속의 전자였다. 그들은 전자를 묘사하는 파동함수를 ϕ라고 할 때 연산자를 파동함수에 적용하여 그 연산자에 대응하는 물리량을 얻을 수 있었다.

1차원 양자역학에서 기본이 되는 연산자는 위치 연산자 $\hat{x}$와 운동량 연산자 $\hat{p}$이다. 전자에게 에너지를 주는 연산자를 해밀토니안 연산자라고 하면, 이것은 운동에너지 연산자와 퍼텐셜에너지 연산자의 합이다. 해밀토니안 연산자를 $\hat{H}$, 운동에너지 연산자를 $\hat{T}$, 퍼텐셜에너지 연산자를 $\hat{V}$라고 쓰면,

$$\hat{H} = \hat{T} + \hat{V}$$

가 되고, 이것을 전자의 파동함수에 적용하면 전자가 가진 에너지 E는

$$\hat{H}\phi = E\phi \tag{4-1-1}$$

에 의해 결정할 수 있다. 이것을 슈뢰딩거 방정식이라고 부른다. 슈뢰딩거 방정식은 전자와 같은 입자들이 가지는 물리량에 대한 정보를 가지고 있는 파동함수를 구할 수 있는 미분 방정식이다. 어떤 조건에서 전자가 운동하고 있을 때 슈뢰딩거 방정식에 이 조건을 대입하여 해를 구하면, 전자가 어떤 물리량을 가지고 어떻게 운동하고 있는지에 대한 정보를 가지고 있는 파동함수를 구할 수 있다. 불확정성 원리와 슈뢰딩거 방정식의 탄생에 관해서는 《불확정성원리》(정완상, 성림원북스)를 읽으면 도움이 된다.

고전역학에서 물체의 질량이 m이고 운동량이 p일 때 물체의 운동

에너지는

$$T = \frac{p^2}{2m}$$

이 되고, 퍼텐셜에너지는 주로 위치의 함수이다. 그러므로 해밀토니안 연산자는

$$\hat{H} = \frac{1}{2m}\hat{p}^2 + \hat{V}(\hat{x}) \tag{4-1-2}$$

가 된다.

1926년 보른과 요르단은 위치 연산자와 운동량 연산자가

$$[\hat{x}, \hat{p}] = i\hbar \tag{4-1-3}$$

를 만족하면 불확정성 원리가 성립한다는 것을 증명했다. 여기서

$$[\hat{x}, \hat{p}] = \hat{x}\hat{p} - \hat{p}\hat{x}$$

로 정의된다.

슈뢰딩거는

$$\hat{p} = \frac{\hbar}{i}\frac{d}{dx}$$

$$\hat{x} = x \tag{4-1-4}$$

라고 놓으면 식(4-1-3)이 만족된다는 것을 알아냈다. 이때 질량이

μ인 전자가 만족하는 슈뢰딩거 방정식은

$$\left(-\frac{\hbar^2}{2\mu}\frac{d^2}{dx^2}+V(x)\right)\phi(x)=E\phi(x) \tag{4-1-5}$$

또는

$$-\frac{\hbar^2}{2\mu}\frac{d^2\phi}{dx^2}+V(x)\phi=E\phi \tag{4-1-6}$$

가 된다. 이때 $\phi(x)$를 파동함수라고 부르는데, 일반적으로 이 함수는 복소수이다. 보른은 파동함수가

$$\int_{-\infty}^{\infty}|\phi(x)|^2dx=1$$

을 만족한다는 것을 알아냈고, 이 파동함수의 크기의 제곱인

$$P(x)=|\phi(x)|^2$$

이 전자가 x에 있을 확률임을 알아냈다.

3차원 수소 문제_3차원에서의 양자역학

정교수 양자화학으로 들어가려면 3차원에서의 양자역학이 필요해. 3차원의 한 점은 (x, y, z)에 의해 묘사되지.

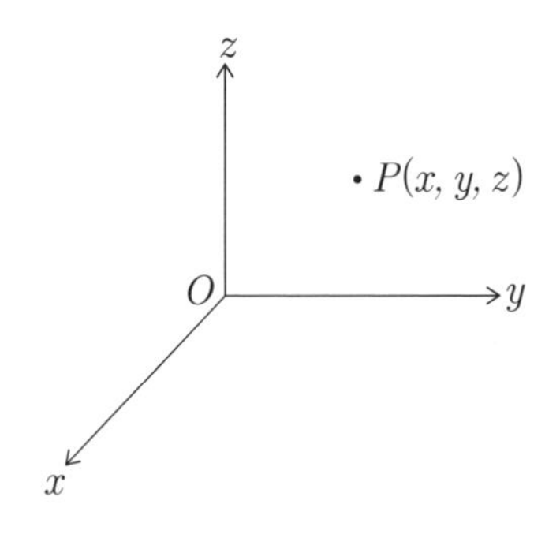

그러니까 질량이 μ인 전자가 만족하는 슈뢰딩거 방정식은

$$\left[-\frac{\hbar^2}{2\mu}\left(\frac{\partial^2}{\partial x^2}+\frac{\partial^2}{\partial y^2}+\frac{\partial^2}{\partial z^2}\right)+V(x, y, z)\right]\phi(x, y, z)=E\,\phi(x, y, z) \tag{4-2-1}$$

라고 쓸 수 있어. 여기서 $\frac{\partial}{\partial x}$는 x에 대한 편미분이고, $\frac{\partial^2}{\partial x^2}$은 x에 대한 편미분을 두 번 한 것을 말해.

화학군 편미분이 뭐죠?

정교수 편미분은 다변수함수에서 원하는 독립변수 이외의 변수는 상수로 생각하고 미분하는 것이지. 편미분에 대해 자세히 알고 싶다면 《특수상대성이론》(정완상, 성림원북스)을 읽어보도록!

화학군 그럼, 퍼텐셜에너지는 어떻게 되죠?

정교수 전자가 놓여 있는 상황에 따라 달라져. 제일 간단한 원자인 수소 원자를 생각해 보자. 수소 원자는 원자핵인 양성자와 그 주위를 도는 전자로 이루어져 있어. 원자핵의 위치를 원점으로 놓고 원자핵에서 전자까지의 거리를 r이라고 놓으면, 전자가 받는 전기력에 대한 퍼텐셜에너지는 거리 r에만 의존하지. 즉,

$$V = V(r) = -\frac{e^2}{r} \qquad (4\text{-}2\text{-}2)$$

이 되지. 여기서 e는 전자의 전하량이야. 슈뢰딩거는 식(4-2-1)을 x, y, z 대신에 r과 관련된 좌표계를 이용해서 풀면, 슈뢰딩거 방정식의 해를 구할 수 있다는 것을 알아냈어. 이 좌표계를 구좌표계라고 부르는데, 다음 그림과 같아.

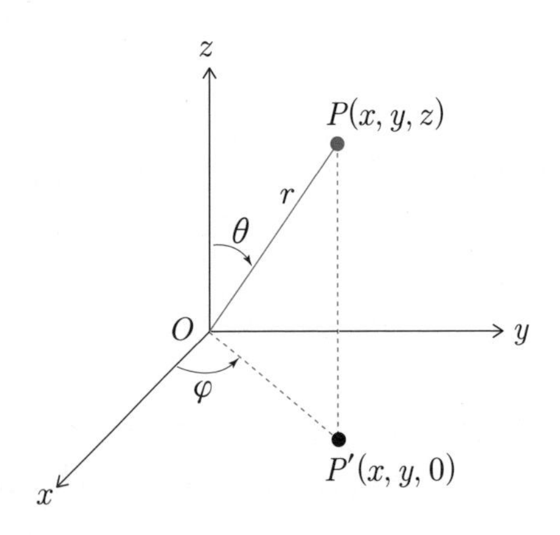

구좌표계는 원점 O에서 점 P까지의 거리 r과 P점의 xy평면으로의 그림자 점을 P′(x, y, 0)이라고 할 때 OP′와 x축의 양의 방향이 이루는 각 φ와 z축과 OP의 사잇각 θ로 구성된다.

여기서 θ를 편각, φ를 방위각이라고 한다. 이때 편각의 범위는

$$0 \le \theta \le \pi$$

가 된다. 즉 북극점의 편각은 $\theta = 0$이고, 남극점의 편각은 $\theta = \pi$이다. 한편, 방위각의 범위는

$$0 \le \varphi \le 2\pi$$

이다. 그러므로 구좌표계에서 파동함수는

$$\phi(r, \theta, \varphi)$$

가 된다. 이때 다음과 같은 관계가 성립한다.

$$x = r \sin\theta \cos\varphi$$

$$y = r \sin\theta \sin\varphi$$

$$z = r \cos\theta \tag{4-2-3}$$

슈뢰딩거는 이러한 계산을 통해 구좌표계에서 수소 문제를 풀었을 때, 에너지와 파동함수가 세 개의 정수에 따라 달라진다는 것을 알아냈다. 이 세 개의 정수 n, l, m을 양자수라고 부르는데,

$$n = 1, 2, 3, \cdots$$

$$l = 0, 1, 2, \cdots, n-1$$

$$-l \le m \le l \tag{4-2-4}$$

로 주어지면 n을 주양자수, l을 궤도양자수, m을 자기양자수라고 부른다. 따라서 파동함수는

$$\phi = \phi_{nlm}(r,\theta,\phi) = R_{nl}(r)Y_l^m(\theta,\phi) \tag{4-2-5}$$

로 주어지며, 에너지는 주양자수에만 의존해

$$E_n = -|E_n| = -\frac{\mu e^4}{2\hbar^2 n^2}, n = 1,2,3,\cdots \tag{4-2-6}$$

이 된다. 이러한 계산 과정이 궁금한 독자는 《반입자》(정완상, 성림원북스)를 참고하기 바란다.

화학군 $n = 1$이면 $l = 0$, $m = 0$만 가능하네요.

정교수 맞아. 이때 파동함수는

$$\phi_{100}(r,\theta,\varphi) = R_{10}(r)Y_0^0(\theta,\varphi) \tag{4-2-7}$$

가 돼. 여기서

$$R_{10} = 2\left(\frac{1}{a_0}\right)^{3/2} e^{-r/a_0}$$

$$Y_0^0 = \frac{1}{\sqrt{4\pi}}$$

이고,

$$a_0 = \frac{\hbar^2}{\mu e^2}$$

라고 두었어.

화학군 Y_0^0는 상수이군요.

정교수 Y_0^0는 두 개의 각 θ, φ에 의존하지 않지. $l=0$일 때 $Y_l^m(\theta,\phi)$은

$$Y_0^0(\theta,\phi)$$

가 되는데, 이것을 s–오비탈이라고 부르고 χ_s라고 써. 그러니까

$$\phi_{100} = R_{10}\chi_s$$

라고 쓸 수 있고,

$$\chi_s = \frac{1}{\sqrt{4\pi}}$$

이 되지. 그리고 $n = 1$, $l = 0$, $m = 0$일 때의 전자는 $1s$ 상태에 있다고 말해. 이 전자를 $1s$전자라고 부르지. 그러니까

$$\phi_{1s} = \phi_{100} = R_{10}\chi_s = \frac{2}{\sqrt{4\pi}}\left(\frac{1}{a_0}\right)^{3/2} e^{-r/a_0} \tag{4-2-8}$$

가 되지.

화학군 그러면 $|\phi_{1s}(r,\theta,\varphi)|^2$가 1$s$ 전자를 r,θ,φ에서 발견할 확률인가요?

정교수 조심할 점이 있어. 3차원에서 파동함수가 $\phi(x, y, z)$로 주어지면

$$\int_{-\infty}^{\infty}\int_{-\infty}^{\infty}\int_{-\infty}^{\infty}|\phi(x,y,z)|^2 dxdydz = 1$$

이 되고, 이때 $dxdydz$를 부피요소라고 불러. 이때 $|\phi(x, y, z)|^2$은 전자를 (x, y, z)에서 발견할 확률이야. 하지만 구좌표계를 사용하면 부피요소가 달라져. 구좌표계로 나타낸 부피요소는

$$dv = (dr)\times(rd\theta)\times(r\sin\theta d\phi) = r^2\sin\theta drd\theta d\phi$$

이 돼. 아래 그림을 보면 알 수 있지.

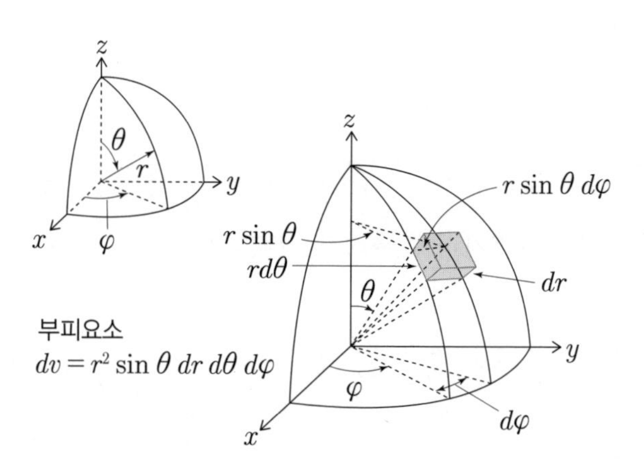

그러니까 파동함수가 $\phi(r, \theta, \varphi)$로 주어져 있을 때

$$\int_{r=0}^{\infty}\int_{\theta=0}^{\pi}\int_{\varphi=0}^{2\pi}|\phi(r,\theta,\varphi)|^2 r^2 \sin\theta dr d\theta d\varphi = 1 \tag{4-2-9}$$

을 만족해야 해. 그러니까 (4-2-5)의 파동함수는

$$\int_{r=0}^{\infty} r^2 R_{nl}(r^2)\, dr \int_{\theta=0}^{\pi}\int_{\varphi=0}^{2\pi}|Y_l^m(\theta,\varphi)|^2 \sin\theta d\theta d\varphi = 1$$

을 만족하지. 그런데

$$\int_{\theta=0}^{\pi}\int_{\varphi=0}^{2\pi}|Y_l^m(\theta,\varphi)|^2 \sin\theta d\theta d\varphi = 1 \tag{4-2-10}$$

을 만족하고

$$\int_{r=0}^{\infty} r^2 R_{nl}(r)^2 dr = 1 \tag{4-2-11}$$

이 되지. 그러니까 파동함수가 (4-2-5)처럼 주어져 있을 때, 전자를 원점에서 거리 r만큼 떨어진 곳에서 발견할 확률을 $P(r)$이라고 하면

$$P(r) = r^2 R_{nl}(r)^2 \tag{4-2-12}$$

이 되지.

화학군　$n = 2$일 때는 $l = 0$과 $l = 1$이 허용되네요.

정교수 맞아. $n = 2$이고 $l = 0$일 때는 $m = 0$만 허용돼. 그러니까 파동함수는

$$\phi_{200}(r,\theta,\varphi) = R_{20}(r)\,Y_0^0(\theta,\varphi) \tag{4-2-13}$$

가 돼. 여기서

$$R_{20} = 2\left(\frac{1}{2a_0}\right)^{3/2}\left(1 - \frac{r}{2a_0}\right)e^{-r/2a_0}$$

가 되지. 이때 $l = 0$이니까 전자는 $2s$ 상태에 있다고 말해. 이 전자를 $2s$ 전자라고 부르지. 그러니까 $2s$ 상태에 있는 전자의 파동함수는

$$\phi_{2s} = \frac{2}{\sqrt{4\pi}}\left(\frac{1}{2a_0}\right)^{3/2}\left(1 - \frac{r}{2a_0}\right)e^{-r/2a_0}$$

이 되지.

$1s$ 상태의 전자를 거리 r에서 발견할 확률은

$$P_{1s}(r) = |\phi_{1s}|^2 r^2$$

이고, $2s$ 상태의 전자를 거리 r에서 발견할 확률은

$$P_{2s} = |\phi_{2s}|^2 r^2$$

이 돼. 이 두 확률을 그래프로 그리면 다음과 같아.

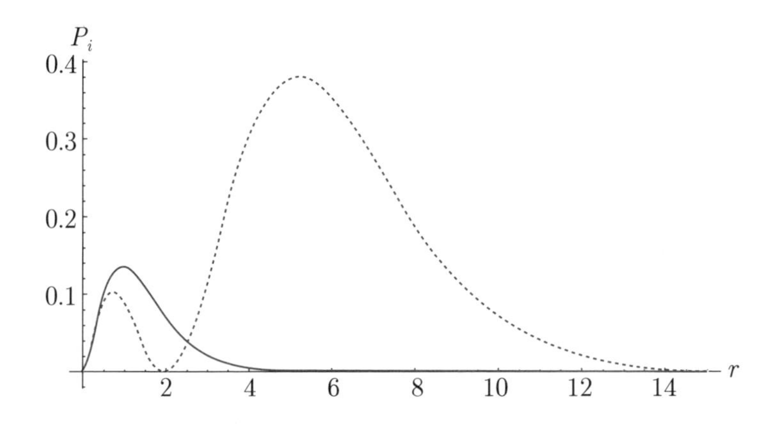

위 그림에서 실선은 P_1을 점선은 P_2를 나타낸다.

정교수 s–오비탈의 모양은 어떻게 되나요?

정교수 전자가 s–오비탈에 있을 때 전자를 $(\theta,\ \varphi)$에서 발견할 확률을 $P_s(\theta,\ \varphi)$라고 하면,

$$P_s(\theta,\varphi) = |\chi_s|^2 = \frac{1}{4\pi}$$

이 되어 이 확률은 각도에 의존하지 않아.

이제 s–오비탈을 그리는 방법을 알아보자. 이 오비탈은 φ에 대해 대칭이므로 φ를 아무렇게나 선택해도 된다. $\varphi = 0$인 경우를 선택하면 구좌표계의 정의(4-2-3)로부터

$$y = 0$$

이 된다. $\theta = 0$부터 $\theta = \pi$까지 원점으로부터의 거리가 $|\chi_s|$가 되도록

그려보자. 이 경우 $|\chi_s|$는 일정하므로 원점으로부터의 거리가 일정한 자취인 반원이 만들어진다.

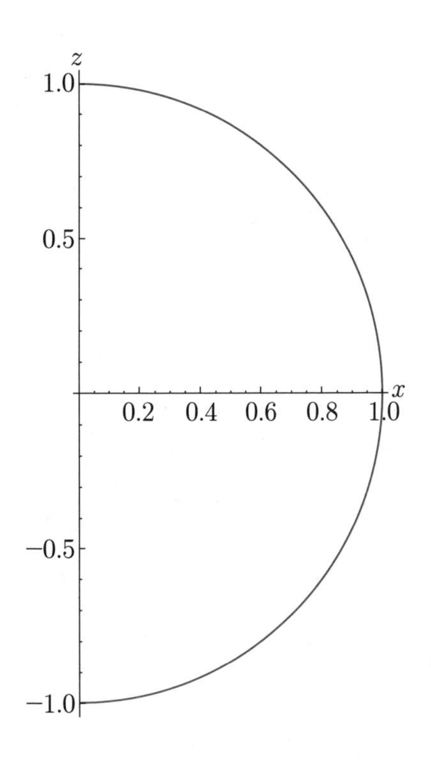

방위각 φ에 대한 대칭성이 있으므로 이것을 z축 주위로 회전시키면 s−오비탈의 모양은

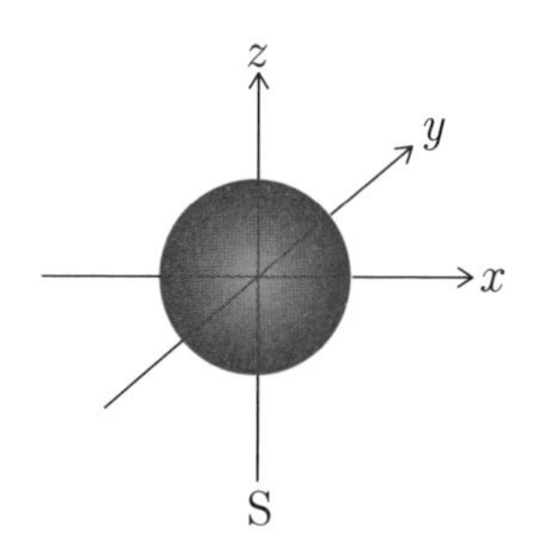

이 된다. 즉 구의 표면에서 s–오비탈 전자를 발견할 확률이 제일 크다.

확률이 제일 큰 부분은 구의 표면으로 만드므로, n이 커질 수록 구의 지름을 크게 해주어야 한다.

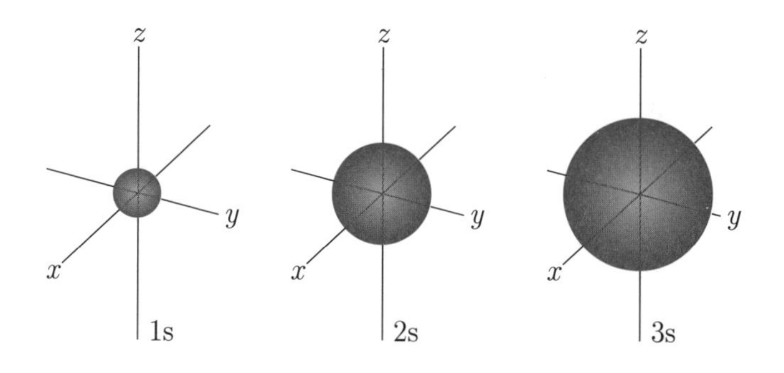

화학군 여기서 3s 상태는 $n=3$, $l=0$, $m=0$을 나타내죠?

정교수 맞아. 이번에는 $n=2$이고 $l=1$인 경우를 생각할게. 이때

$$m=-1,0,1$$

이 가능해. 그러므로 가능한 파동함수는

$$\phi_{211} = R_{21} Y_1^1$$

$$\phi_{210} = R_{21} Y_0^1$$

$$\phi_{21-1} = R_{21} Y_{-1}^1$$

이 되지. 여기서

$$R_{21} = \frac{1}{\sqrt{3}}\left(\frac{1}{a_0}\right)^{3/2}\left(\frac{r}{2a_0}\right)e^{-r/2a_0}$$

$$Y_1^1 = -\sqrt{\frac{3}{8\pi}}e^{i\varphi}\sin\theta$$

$$Y_{-1}^1 = \sqrt{\frac{3}{8\pi}}e^{-i\varphi}\sin\theta$$

$$Y_0^1 = \sqrt{\frac{3}{4\pi}}\cos\theta$$

가 돼. 일반적으로 $l = 0, 1, 2, 3, \cdots$에 대응하는 오비탈을 s−오비탈, p−오비탈, d−오비탈, f−오비탈 등으로 불러. 이때 p−오비탈은 세 종류가 생기는데, 그것을 각각 p_x−오비탈(χ_{p_x}), p_y−오비탈(χ_{p_y}), p_z−오비탈(χ_{p_z})이라고 부르지. 이 세 종류의 p−오비탈은 다음과 같이 파동함수를 적당히 결합해서 정의해.

$$\phi_{210} = R_{21}\chi_{p_z}$$

$$\frac{1}{\sqrt{2}}(\phi_{21-1} - \phi_{211}) = R_{21}\chi_{p_x}$$

$$-\frac{1}{\sqrt{2}\,i}(\phi_{211} + \phi_{21-1}) = R_{21}\chi_{p_y}$$

그러니까

$$\chi_{p_x} = \sqrt{\frac{3}{4\pi}}\sin\theta\cos\varphi$$

$$\chi_{p_y} = \sqrt{\frac{3}{4\pi}}\sin\theta\sin\varphi$$

$$\chi_{p_z} = \sqrt{\frac{3}{4\pi}}\cos\theta$$

가 되지.

화학군　p−오비탈은 어떤 모양인가요?

정교수　p_z−오비탈을 먼저 그려볼게. $(\theta,\ \varphi)$에서 p_z−오비탈 전자를 발견할 확률을 $P_{p_z}(\theta,\ \varphi)$라고 하면,

$$P_{p_z}(\theta, \varphi) = |\chi_{p_z}|^2 = \frac{3}{4\pi}\cos^2\theta$$

가 되어 이 확률은 θ에 의존해. $\varphi = 0$인 경우($y = 0$), $\theta = 0$부터 $\theta = \pi$까지 원점으로부터의 거리가 $|\chi_{p_z}|$가 되도록 그리면 다음과 같아.

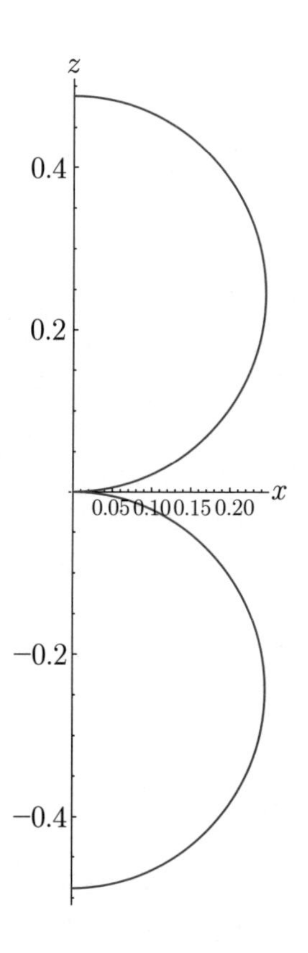

이 오비탈은 방위각 φ에 대한 대칭성이 있으므로 이것을 z축 주위로 회전시키면 p_z–오비탈은 다음 그림과 같다.

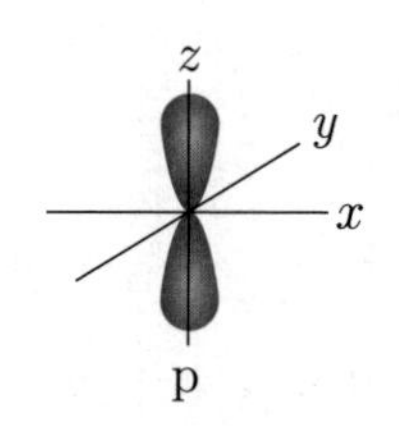

여기서 $|\chi_{p_z}|$는 원점으로부터의 거리이다. 그러므로 p_z–오비탈 전자를 발견할 확률은 $\theta = 0$과 $\theta = \pi$일 때 최대가 된다.

마찬가지로 p_z–오비탈과 p_y–오비탈의 그림은 다음과 같다.

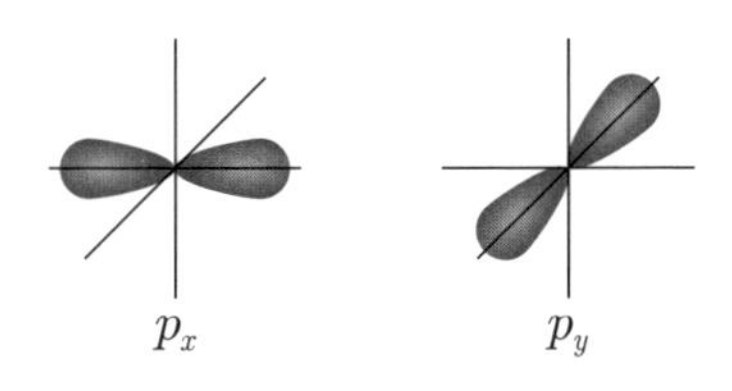

세 개의 p–오비탈을 함께 그리면 다음과 같다.

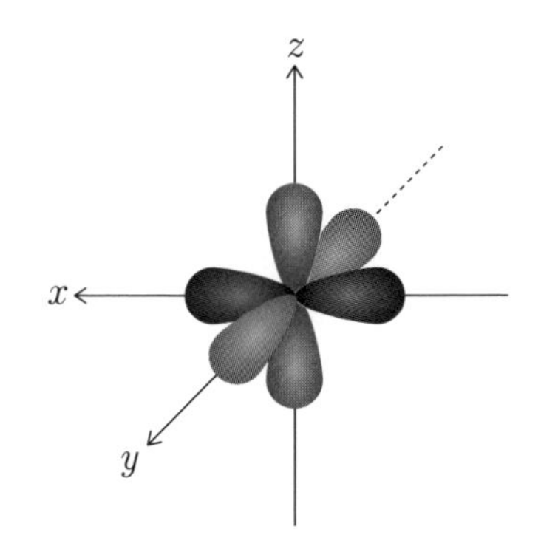

화학군 $n = 3$일 때는 더 복잡하겠네요.

정교수 물론이지. 이때 $l = 0, 1, 2$가 허용돼.

$n = 3, l = 0$인 경우에는 $m = 0$만 허용되는데, 이것은 $3s$ 상태의 전

자를 묘사해. 이때 파동함수는

$$\phi_{3s} = R_{30}\chi_s$$

가 되지. 여기서

$$R_{30} = 2\left(\frac{1}{3a_0}\right)^{3/2}\left(1 - \frac{2r}{3a_0} + \frac{2r^2}{27a_0^2}\right)e^{-r/3a_0}$$

가 돼.

$n = 3$, $l = 1$인 경우에는 $m = -1, 0, 1$이 허용되는데, 이것은 $3p$ 상태의 전자를 묘사한다. 이때 파동함수는

$$\phi_{311} = R_{31}Y_1^1$$

$$\phi_{310} = R_{31}Y_0^1$$

$$\phi_{31-1} = R_{31}Y_{-1}^1$$

이 된다. 여기서

$$R_{31} = \frac{4\sqrt{2}}{3}\left(\frac{1}{3a_0}\right)^{3/2}\frac{r}{a_0}\left(1 - \frac{r}{6a_0}\right)e^{-r3a_0}$$

이다. 이것을 3개의 p–오비탈로 나타내면

$$\phi_{310} = R_{31}\chi_{p_z}$$

$$\frac{1}{\sqrt{2}}(\phi_{31-1} - \phi_{311}) = R_{31}\chi_{p_x}$$

$$-\frac{1}{\sqrt{2}\,i}(\phi_{311} + \phi_{31-1}) = R_{31}\chi_{p_y}$$

가 된다.

한편 $l = 2$인 경우에는 $m = -2, -1, 0, 1, 2$가 가능하므로 다섯 개의 d–오비탈이 가능하다. 이때 파동함수는

$$\phi_{322} = R_{32} Y_2^2$$

$$\phi_{321} = R_{32} Y_1^2$$

$$\phi_{320} = R_{32} Y_0^2$$

$$\phi_{32-1} = R_{32} Y_{-1}^2$$

$$\phi_{32-2} = R_{32} Y_{-2}^2$$

가 된다. 여기서

$$R_{32} = \frac{2\sqrt{2}}{27\sqrt{5}}\left(\frac{1}{3a_0}\right)^{3/2}\left(\frac{r}{a_0}\right)^2 e^{-r/3a_0}$$

이고,

$$Y_2^2 = \sqrt{\frac{15}{32\pi}} e^{2i\varphi} \sin^2\theta$$

$$Y_{-2}^2 = \sqrt{\frac{15}{32\pi}} e^{-2i\varphi} \sin^2\theta$$

$$Y_1^2 = -\sqrt{\frac{15}{8\pi}} e^{i\varphi} \sin\theta \cos\theta$$

$$Y_{-1}^2 = \sqrt{\frac{15}{8\pi}} e^{-i\varphi} \sin\theta \cos\theta$$

$$Y_0^2 = \sqrt{\frac{5}{16\pi}} (3\cos^2\theta - 1)$$

이 된다.

이 다섯 종류의 d–오비탈은 다음과 같이 파동함수를 적당히 결합해서 정의해.

$$\phi_{320} = R_{32} \chi_{d_{z^2}}$$

$$\frac{1}{\sqrt{2}} (\phi_{32-1} - \phi_{321}) = R_{32} \chi_{d_{xz}}$$

$$-\frac{1}{\sqrt{2}\,i} (\phi_{32-1} + \phi_{321}) = R_{32} \chi_{d_{yz}}$$

$$-\frac{1}{\sqrt{2}\,i} (\phi_{32-2} - \phi_{322}) = R_{32} \chi_{d_{x^2-y^2}}$$

$$\frac{1}{\sqrt{2}} (\phi_{32-2} + \phi_{322}) = R_{32} \chi_{d_{xy}}$$

그러니까

$$\chi_{d_{z^2}} = \sqrt{\frac{5}{16\pi}}(3\cos^2\theta - 1)$$

$$\chi_{d_{yz}} = \sqrt{\frac{15}{4\pi}}\sin\theta\cos\theta\sin\varphi$$

$$\chi_{d_{xz}} = \sqrt{\frac{15}{4\pi}}\sin\theta\cos\theta\cos\varphi$$

$$\chi_{d_{x^2-y^2}} = \sqrt{\frac{15}{16\pi}}\sin^2\theta\sin 2\varphi$$

$$\chi_{d_{xy}} = \sqrt{\frac{15}{16\pi}}\sin^2\theta\cos 2\varphi$$

가 되지.

예를 들어 d_{z^2}-오비탈을 그려보자. (θ, φ)에서 d_{z^2}-오비탈 전자를 발견할 확률을 $P_{d_{z^2}}(\theta, \varphi)$라고 하면,

$$P_{d_{z^2}}(\theta, \varphi) = |\chi_{d_{z^2}}|^2 = \frac{5}{16\pi}(3\cos^2\theta - 1)^2$$

이 되어 이 확률은 θ에 의존한다. $\varphi = 0$인 경우($y = 0$), $\theta = 0$부터 $\theta = \pi$까지 원점으로부터의 거리가 $|\chi_{d_{z^2}}|$가 되도록 그리면 다음과 같다.

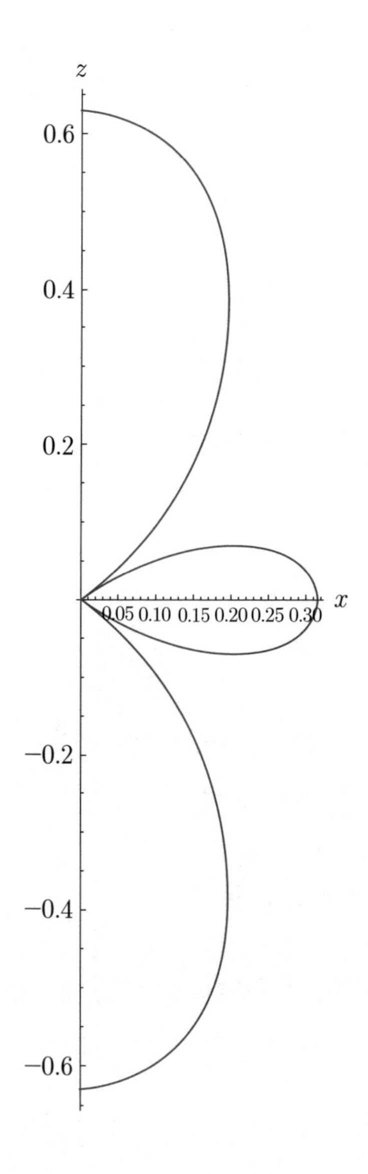

이 오비탈은 방위각 φ에 대한 대칭성이 있으므로 이것을 z축 주위로 회전시키면 d_{z^2}−오비탈은 다음 그림과 같다.

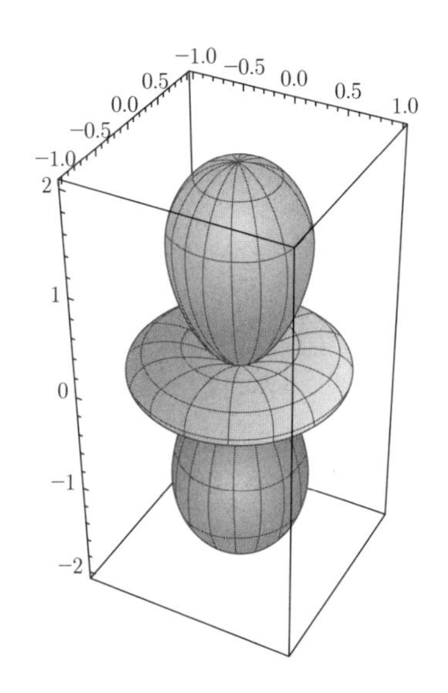

다섯 개의 d−오비탈의 모양은 다음과 같다.

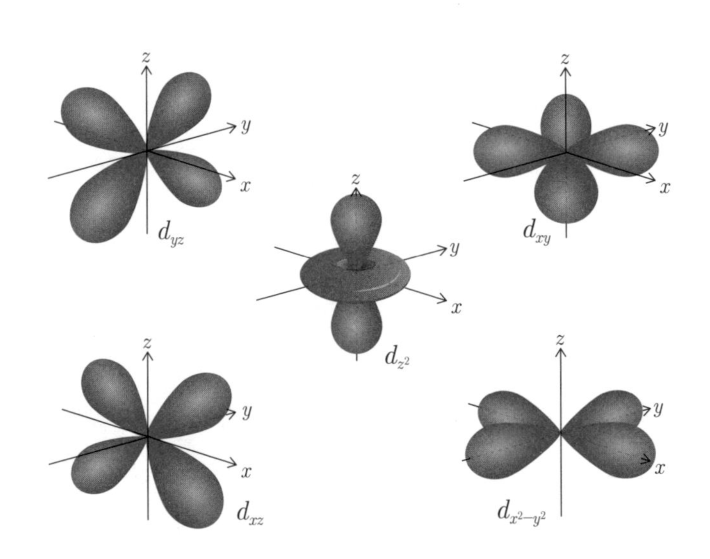

훈트의 규칙 _ 바닥 상태의 전자를 배치하는 규칙

정교수 $n = 1$이면 한 개의 s–오비탈만 가능하고, $n = 2$이면 한 개의 s–오비탈과 세 개의 p–오비탈이 존재하는 건 알지?

화학군 네.

정교수 $n = 1$일 때는 $1s$ 상태만 가능하고, $n = 2$일 때는 $2s$ 상태와 $2p$ 상태가 가능해. $2p$ 상태는 세 개의 오비탈로 이루어져 있지. 그리고 하나의 오비탈에는 두 개의 전자가 올 수 있어. 전자는 두 종류의 스핀을 가지고 있는데, 업스핀과 다운스핀이라고 부르지. 이때 하나의 오비탈 속에는 스핀이 반대인 두 전자만 올 수 있어. 이것을 파울리 배타 원리라고 불러. 이에 대해 좀 더 알고 싶다면 《반입자》(정완상, 성림원북스)를 참고하도록!

화학군 그럼 $1s$ 상태에는 전자가 두 개 올 수 있고, $2s$ 상태에도 전자가 두 개 올 수 있고, $2p$ 상태에는 전자가 6개 올 수 있군요.

정교수 맞아. $n = 3$일 때는 $3s$ 상태, $3p$ 상태, $3d$ 상태가 허용되니까

$3s$ 상태 : 2개의 전자 허용

$3p$ 상태 : 6개의 전자 허용

$3d$ 상태 : 10개의 전자 허용

와 같이 되지. 그러니까 하나의 오비탈을 전자가 살 수 있는 하나의 방에 비유할 수 있어. 하나의 방에는 서로 반대되는 스핀의 전자가 있을 수 있지. 그러니까 에너지에 따라 오비탈들을 네모로 표시하면 다

음 그림과 같지.

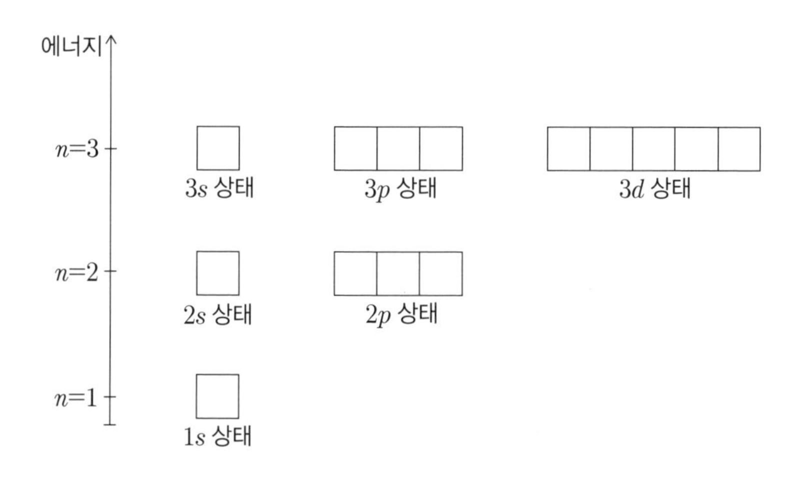

화학군 주양자수 n이 작을수록 낮은 에너지를 갖는군요.

정교수 맞아.

화학군 수소 원자는 전자를 하나 갖고 있잖아요? 이 전자는 어느 오비탈에 들어가죠?

정교수 전자가 갖는 에너지에 따라 달라져. 전자가 가장 낮은 에너지를 가지는 경우는 이 전자가 1s 상태에 있을 때야. 이때를 바닥 상태라고 불러. 보통 오비탈에 전자가 한 개 들어가는 경우의 그림은 업스핀 전자가 있는 것으로 그려. 만일 전자가 2s 상태에 있을 때는 전자가 1s 상태에 있을 때보다 에너지가 더 커지지? 이렇게 바닥 상태가 아닌 경우를 들뜬 상태라고 불러.

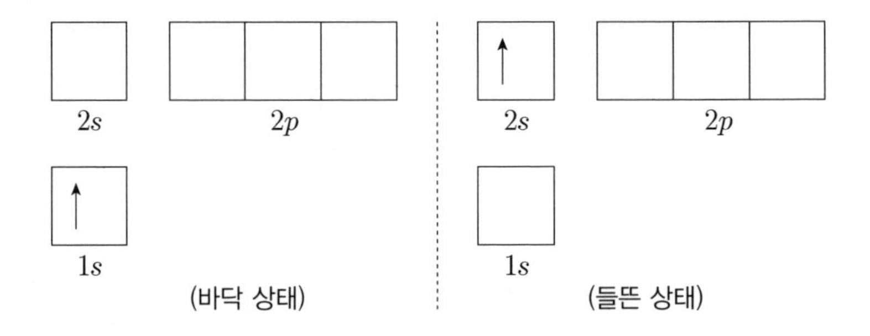

그러니까 수소의 바닥 상태는 전자 한 개가 1s 상태에 있는 경우지. 이렇게 1s 상태에 전자가 한 개 있는 경우를 $1s^1$로 나타내.

화학군 헬륨은 전자가 두 개이니까, 헬륨의 바닥 상태는 1s 상태에 전자가 두 개 있는 경우로 $1s^2$이 되는군요.

정교수 맞아. 이것을 그림으로 그리면 다음과 같아.

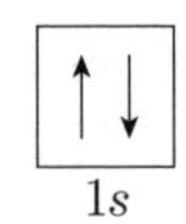

↑는 업스핀 전자를, ↓는 다운스핀 전자를 나타내.

원자번호 3번 리튬의 바닥 상태는 다음과 같아.

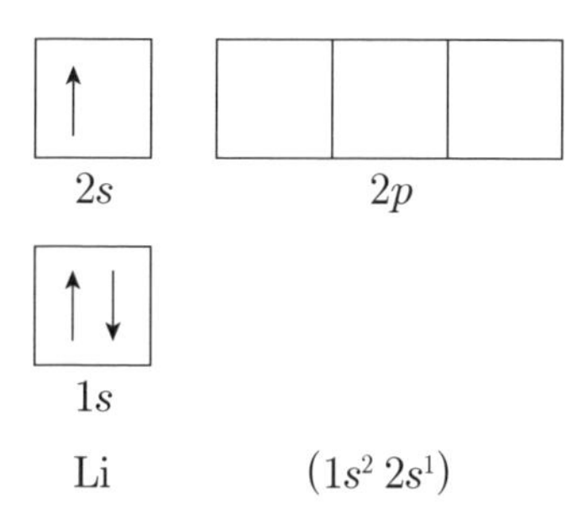

원자번호 4번 베릴륨의 바닥 상태는 다음과 같아.

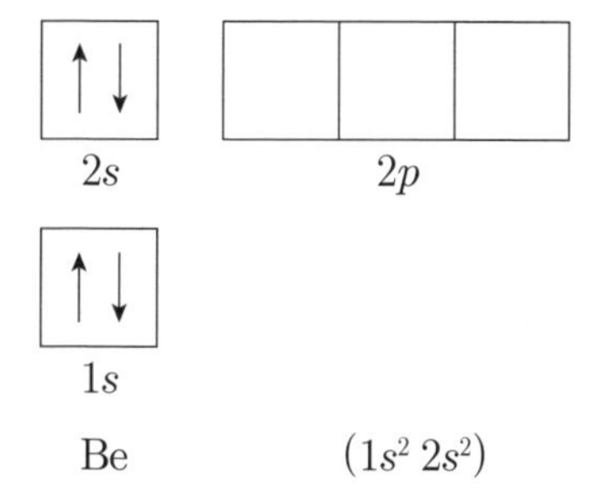

원자번호 5번 붕소의 바닥 상태는 다음과 같아.

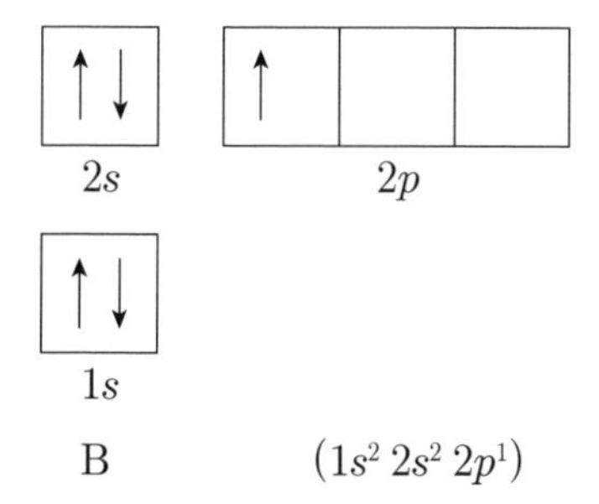

화학군 원자번호 6번 탄소는 $1s$와 $2s$를 다 채우고 나서 두 개의 전자가 남네요. 두 개의 전자는 어느 오비탈에 들어가죠?

정교수 두 개의 전자는 $2p$ 상태가 돼.

화학군 하지만 $2p$ 상태는 세 개의 오비탈로 이루어져 있어요.

정교수 이때는 빈 오비탈부터 차례대로 채우고, 빈 오비탈이 모두 차면 오비탈에 반대 스핀의 전자를 차례대로 채워야 해. 이 규칙을 발견한 사람은 독일의 물리학자 훈트(1896~1997년)야.

훈트

독일 카를스루에에서 태어난 훈트는 슈뢰딩거, 디랙, 하이젠베르크, 보른, 보테 등 저명한 물리학자들과 함께 일했다.

훈트는 독일 마르부르크와 괴팅겐에서 수학, 물리학, 지리학을 공부한 후, 1925년 괴팅겐대학교에서 이론물리학 개인 강사로 일했고, 1927년 로스토크대학교, 1927년 라이프치히대학교, 1946년 예나대학교, 1951년 프랑크푸르트대학교에서 교수로 일했으며, 1957년부터 다시 괴팅겐대학교에서 교수로 재직했다. 또한 그는 닐스 보어와 함께 코펜하겐에 머물렀고 하버드대학교에서 원자에 대해 강의를 하기도 했다. 그는 원자의 구조와 분자 스펙트럼에 대한 중요한 연구로 유명하다.

훈트의 규칙에 따르면 원자번호 6번 탄소의 바닥 상태는 다음 그림과 같다.

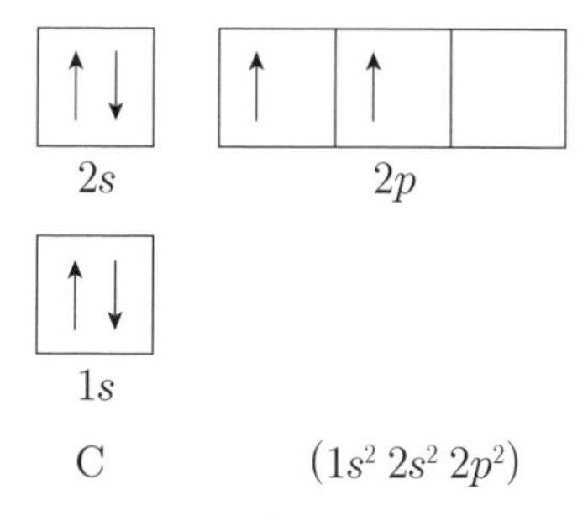

원자번호 7번 질소의 바닥 상태는 다음과 같다.

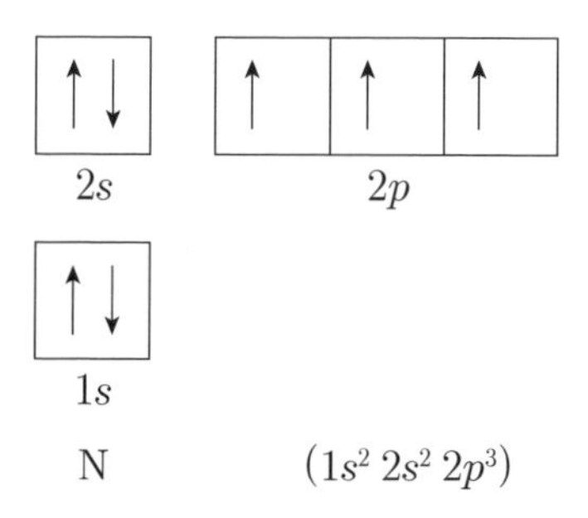

원자번호 10번 네온의 바닥 상태는 다음과 같다.

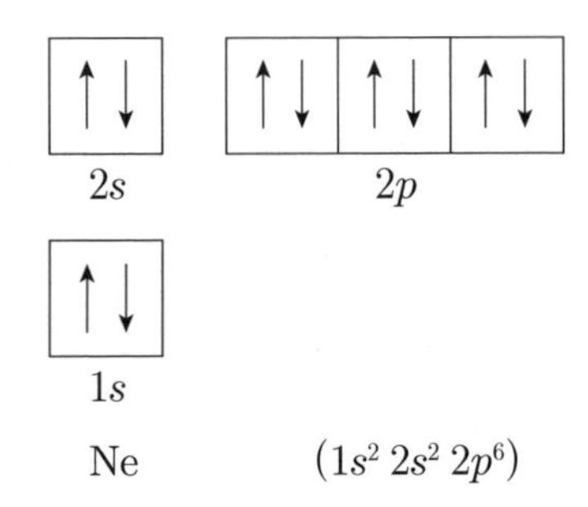

이렇게 원자번호 10번까지는 바닥 상태가 세 종류의 오비탈에 의해 결정되지. 하지만 원자번호가 커지면 더 많은 종류의 오비탈에 의해 바닥 상태가 결정돼. 예를 들어 원자번호 11번 나트륨은 다음과 같이 네 개의 오비탈을 필요로 하지.

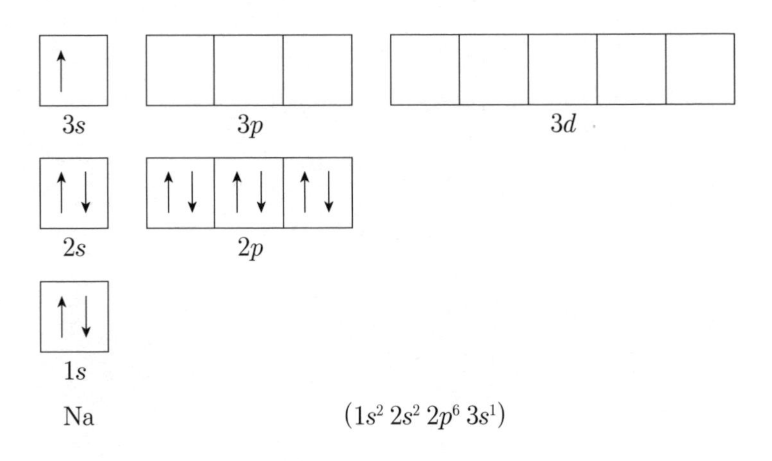

훈트는 각 오비탈에 대해 다음과 같은 순서로 전자가 채워진다는 것을 알아냈어.

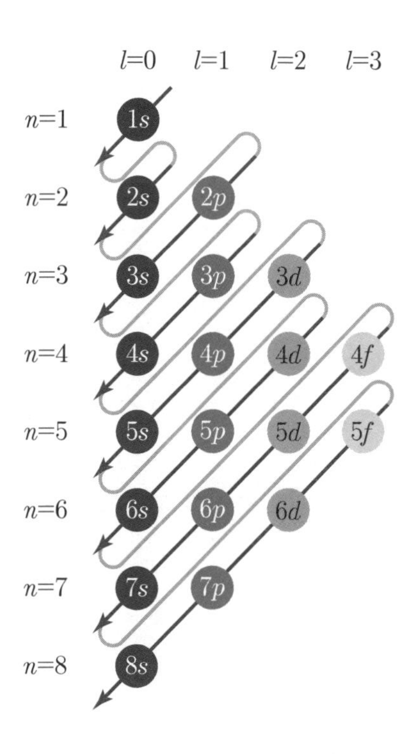

이것을 훈트의 규칙이라고 불러.

다섯 번째 만남

●

양자화학

멀리켄 _ 양자화학으로 노벨상을 수상하다

정교수 이제 양자화학으로 노벨상을 받은 멀리켄(1896~1986년)과 폴링(1901~1994년)의 이야기를 해볼게. 먼저 멀리켄에 대해 알아보자.

멀리켄

멀리켄은 미국 매사추세츠주 뉴버리포트에서 태어났다. 그의 아버지는 매사추세츠공과대학(MIT)의 유기화학 교수였다. 멀리켄은 어렸을 때 식물의 이름과 식물 분류법을 배웠다. 그의 아버지가 유기화합물 식별에 관한 4권짜리 교재를 썼을 때 편집 작업의 일부를 도운 덕분에 유기화학 명명법의 전문가가 되었다.

멀리켄은 뉴버리포트고등학교를 다녔고 매사추세츠공과대학 화학과를 다녔다. 대학생 시절에 이미 그는 유기 염화물의 합성에 관한 첫 번째 연구를 수행했다.

그가 대학을 다니던 시절 미국은 제1차 세계대전에 막 참전한 상태였고, 멀리켄은 워싱턴 D. C.에 있는 아메리칸대학교에 자리를 잡고 제임스 코넌트와 함께 독가스를 제조했다. 9개월 후, 그는 육군의 화학전 서비스에 징집되어 같은 임무를 계속했다.

전쟁이 끝난 후 산화아연과 카본 블랙이 고무에 미치는 영향을 조사하는 일을 맡았지만, 보다 의미 있는 일을 하고 싶었다. 그는 좀 더 유기화학을 공부하기 위해 1919년에 시카고대학의 박사 과정에 입학했다. 증발에 의한 수은 동위원소 분리에 대한 연구로 1921년에 박사 학위를 받았으며, 이 방법에 의한 동위원소 분리를 계속했다. 시카고에 있는 동안 그는 노벨상을 수상한 물리학자 로버트 밀리컨 교수에게 배우며 박사 과정을 밟았는데, 이때 양자이론을 접하게 되었다.

1929년 시카고대학에서. 뒷줄 오른쪽에서 두 번째가 멀리켄

시카고대학에서 멀리켄은 질화붕소(BN)와 같은 이원자 분자의 대역 스펙트럼에 대한 동위원소 효과를 연구했다. 그는 하버드대학에

진학하여 분광 기술과 양자이론을 공부했다. 당시 그는 오펜하이머와 반 블렉 등 훗날 노벨상을 받게 되는 사람들과 어울릴 수 있었다. 또한 닐스 보어와 함께 일했던 슬레이터를 만났다.

1925년과 1927년에 유럽을 여행하여 슈뢰딩거, 디랙, 하이젠베르크, 드브로이, 보테, 훈트와 공동연구했다. 멀리켄은 특히 이원자 분자의 대역 스펙트럼에 대한 양자 해석을 연구하고 있던 훈트의 영향을 받았다. 1927년 멀리켄은 훈트와 공동연구해 분자 궤도이론을 개발했다.

1926년부터 1928년까지 멀리켄은 뉴욕대학교(NYU)의 물리학과 교수로 지냈다. 그의 연구는 화학에서도 중요했지만 양자화학이라는 분야가 물리학과 화학의 경계선에 있었기 때문에 물리학과 교수가 된 것이었다. 그 후 시카고대학교의 물리학과 교수가 되었다. 그는 물리학과와 화학과의 교수를 두루 역임했다.

멀리켄의 주요 연구분야는 분자궤도연구였는데, 훈트와의 공동연구로 1966년 노벨화학상을 받았다.

라이너스 폴링 _양자화학이론을 만들다

정교수 이제 완벽한 양자화학이론을 만든 폴링에 대해 알아보자. 폴링은 노벨화학상과 노벨평화상을 수상한 유일한 사람이야.

화학군 노벨상을 두 개나 탔네요.

정교수 노벨상을 두 번 받은 사람은 폴링을 포함해 모두 다섯 사람이야. 나머지 네 사람은 노벨물리학상과 노벨화학상을 수상한 퀴리 부인, 노벨물리학상을 두 번 수상한 바딘, 노벨화학상을 두 번 수상한 프레더릭 생어, 노벨화학상을 두 번 수상한 샤플리스야. 그러니까 서로 다른 분야에서 노벨상을 두 번 받은 사람은 퀴리 부인과 폴링뿐이지. 폴링은 과학 분야의 노벨상과 비과학 분야의 노벨상을 최초로 수상한 사람이야.

화학군 대단하군요.

정교수 이제 폴링이 어떤 사람인지 알아볼게.

1954년 노벨화학상,
1962년 노벨평화상을 수상한 폴링

폴링은 1901년 미국 오리건주 포틀랜드에서 허먼 헨리 윌리엄 폴링(1876~1910년)과 루시 이사벨 달링(1881~1926년)의 맏아들로 태어났다. 1902년, 여동생 파울린이 태어난 후, 폴링의 부모는 방 한 칸

짜리 아파트보다 더 저렴하고 넓은 숙소를 찾기 위해 포틀랜드를 떠나기로 결정했다. 1904년 폴링의 아버지는 오리건주 오스위고로 이사하여 자신의 약국을 열었다. 1906년부터 폴링의 아버지는 재발성 복통으로 고생하다가 1910년 천공성 궤양으로 사망했다.

1908년의 폴링과 두 여동생

어느 날 폴링은 작은 화학 실험 키트를 가지고 있던 친구 제프레스의 영향을 받아 화학자가 되겠다고 결심했다. 그는 나중에 이렇게 말했다.

나는 단순히 화학 현상에 매료되었고, 종종 현저하게 다른 성질을 가진 물질들이 나타나는 반응에 매료되었다. 그리고 나는 세상의 이런 면에 대해 점점 더 많이 배우고 싶었다.

–라이너스 폴링

워싱턴고등학교 시절, 폴링은 버려진 제철소에서 장비와 재료를 찾아내 화학 실험을 했다. 폴링은 친구인 로이드 제프레스와 함께 그의 집 지하실에 팔몬 연구소를 세웠다. 두 사람은 지역 낙농가에 저렴한 가격에 유지방 샘플링을 할 것을 제안했지만 낙농가들이 그 제안을 받아들이지 않아 사업은 실패로 끝났다.

워싱턴고등학교 시절의 폴링

15세가 되던 해, 고등학교 졸업반이 된 폴링은 당시 오리건농업대학으로 알려진 오리건주립대학교에 입학할 수 있는 학점을 취득했다.

대학 학비를 벌기 위해 식료품점에서 파트타임으로 일하며 주당 8달러(2023년 기준 미화 220달러에 해당)를 받는 등 여러 일을 했다. 그는 월 40달러(2023년 기준 미화 1,120달러에 해당)의 급여를 받으며 견습 기계공으로 일하기도 했다. 1917년 9월, 마침내 오리건주립대학에 입학했다.

첫 학기에 폴링은 화학 2과목, 수학 2과목, 기계도면 2과목, 광업 입문과 폭발물 사용 과목, 현대 영어 산문 과목, 체조, 군사 훈련 과목을 수강했다. 그의 룸메이트는 어린 시절부터 한평생 가장 친한 친구인 로이드 제프레스였다. 2학년을 마친 후, 어머니를 부양하기 위해 포틀랜드에서 일자리를 구하려 했다. 대학은 그에게 정량 분석을 가르치는 자리를 제안했는데, 그는 마침 정량 분석 과목을 막 이수한 상태였다. 그는 실험실에서 일주일에 40시간을 일했고, 한 달에 100달러(2023년 기준 1,500달러에 해당)를 벌어 학업을 계속할 수 있었다.

대학교에서 마지막 2년 동안, 루이스가 원자의 전자 구조와 원자가 결합하여 분자를 형성하는 것에 대해 연구한 것을 알게 되었다. 그는 물질의 물리적, 화학적 특성이 물질을 구성하는 원자의 구조와 어떻게 관련되어 있는지를 연구하는 데 집중해, 양자화학이라는 새로운 과학의 창시자 중 한 명이 되었다.

공학과 교수인 사무엘 그라프는 폴링을 기계 및 재료 과정의 조교로 뽑았다. 대학교 4학년 겨울에 폴링은 가정학 전공자들을 위한 화학 과목을 강의했는데, 미래의 아내인 에바 헬렌 밀러를 이때 만나게 되었다.

1922년, 폴링은 화학공학 학사학위를 받고 졸업했다. 그는 캘리포니아 패서디나에 있는 캘리포니아공과대학교에서 로스코 디킨슨과 리처드 톨먼의 지도를 받으며 대학원에 진학했다. 그의 대학원 연구는 결정의 구조를 결정하기 위해 X선 회절을 사용하는 것이었다. 그는 캘리포니아공과대학교 대학원생으로 지내며 광물의 결정 구조에 관한 7편의 논문을 발표했고, 1925년에 물리화학 및 수리물리학 박사학위를 받았다.

폴링의 대학졸업 사진

1926년 폴링은 구겐하임 펠로우십을 받아 유럽으로 건너가 독일 뮌헨에서 물리학자 좀머펠트, 코펜하겐에서 덴마크 물리학자 닐스 보어, 취리히에서 오스트리아 물리학자 슈뢰딩거를 만났다. 이들과의 만남을 통해 자신이 연구 분야인 원자와 분자의 전자 구조에 양자역학을 적용하는 것에 관심을 갖게 되었다. 취리히에서 폴링은 하이틀러와 런던이 연구한 수소 분자의 결합에 양자역학을 적용한 논문을 접하게 되었다.

1927년, 폴링은 캘리포니아공과대학교의 이론화학 조교수가 되어, X선 결정 연구 및 원자와 분자에 대한 양자역학 계산을 수행했다. 그는 5년 동안 약 50편의 논문을 발표했고, 오늘날 폴링의 규칙으로 알려진 5가지 규칙을 만들었다. 1932년 폴링은 처음으로 원자 궤도의 혼성화 개념을 제시하고 탄소 원자의 사분율을 분석했다.

1930년 여름, 폴링은 유럽 여행을 했는데, 그 여행에서 허먼 프랜시스 마크에게 기체상 전자 회절에 대해 배웠다. 귀국 후 폴링은 캘리포니아공과대학교에서 제자와 함께 전자 회절 장비를 만들고, 이를 사용하여 많은 화학 물질의 분자 구조를 연구했다.

1920년대 후반부터는 화학결합의 성질에 관한 논문을 발표하기 시작했다. 1937년부터 1938년까지 코넬대학교에서 조지 피셔 베이커 화학과 비거주 강사로 일했다. 코넬대학교에 있는 동안 유명한 교과서인 《The Nature of the Chemical Bond》의 대부분을 완성했다.

《The Nature of the Chemical Bond》

폴링은 1954년 '화학결합의 본질에 대한 연구와 복잡한 물질의 구조 설명에 대한 응용'으로 노벨화학상을 수상했다.

1930년대 중반, 폴링은 록펠러 재단의 워렌 위버가 생물학 분야 지원을 우선순위에 놓는 것에 큰 영향을 받아 새로운 분야에 진출하기로 했다. 처음에는 무기 분자 구조에 초점을 맞추었지만, 생물학 분야에서 캘리포니아공과대학교의 영향력이 커지고 있었기 때문에 생물학적으로 중요한 분자에 대해 때때로 생각했다. 폴링은 토머스 헌트 모건, 테오도시우스 도브잔스키, 캘빈 브리지스, 알프레드 스터티번트 등 위대한 생물학자들과 교류했다.

그는 헤모글로빈 분자가 산소 분자를 얻거나 잃을 때 구조가 변한다는 것을 증명했다. 그리고 단백질 구조에 대해 보다 철저히 연구하기로 결정했다. 그는 이전에 사용하던 X선 회절 분석으로 돌아갔다. 1930년대에 윌리엄 애스트버리는 단백질의 X선 사진을 촬영했는데, 1937년 폴링은 이 X선 사진을 양자역학적으로 설명하려고 시도하다 실패했다. 폴링은 이 문제를 해결하는 데 11년이나 걸렸다. 그는 원자가 나선형 패턴으로 배열된 헤모글로빈의 구조에 대한 모델을 공식화했고, 이 아이디어를 단백질 일반에 적용했다.

1952년, 허쉬와 체이스의 실험으로 유전자는 DNA로 구성되어 있다는 것이 발견되자 폴링은 DNA 연구에 관심을 쏟기 시작했다. 그는 DNA의 구조를 연구한 끝에 DNA는 삼중나선 구조임을 알아냈고, 1952년 DNA의 구조에 관한 논문을 발표했다. 그 소식이 캐번디시 연구소에 전해졌을 때 왓슨과 크릭은 DNA의 분자적 모델을 연구하고 있었다. 왓슨과 크릭은 폴링의 연구에 영감을 받아 1953년 초, 올바른 구조로서 DNA 이중 나선을 제안했다.

폴링은 또한 효소 반응을 연구했으며, 효소가 반응의 전이 상태를 안정화시킨다는 것을 처음으로 발견했는데, 이는 효소의 작용 메커니즘을 이해하는 데 핵심적인 역할을 했다.

폴링은 제2차 세계대전 전까지는 비정치적이었다. 맨해튼 프로젝트가 시작될 무렵, 로버트 오펜하이머는 그에게 프로젝트의 화학 부서를 맡아달라고 제안했지만 그는 거절했다.

그러나 군을 위한 연구 활동을 했다. 1940년 10월 3일, 국방연구위원회는 잠수함과 비행기의 산소 상태를 측정할 수 있도록 가스 혼합물의 산소 함량을 정확하게 측정할 수 있는 장비를 개발하기 위해 회의를 소집했다. 이에 따라 폴링은 아놀드 O. 베크만 주식회사에서 개발 및 제조하기로 한 산소 측정기를 설계했다. 전쟁이 끝난 후 이 회사는 이 산소 측정기를 미숙아를 위한 인큐베이터로 개조했다.

그런데 맨해튼 프로젝트의 여파로 인해 그의 아내 에바는 평화주의에 빠지게 되었고, 폴링도 평화 운동가가 되었다. 1945년 11월, 폴링은 예술, 과학, 전문직 독립 시민 위원회(ICCASP)에서 핵무기에 대해 연설했다. 1946년 1월 21일, 이 위원회는 학문의 자유에 대해 논의하기 위해 모였는데, 이 자리에서 폴링은 다음과 같이 말했다.

물론 학문의 자유에 대한 위협은 항상 존재합니다. 개인의 자유와 권리의 다른 측면들에 대한 위협도 마찬가지이며, 이 자유와 권리에 대한 끊임없는 공격에서, 이기적이고 지나치게 야만적인 사람들에 의해, 오도되고 파렴치한 자들은 자신들의 이익을 위해 인류의 거대한 몸을 억압하려고 합니다. 우리는 항상 이 위협에 대해 경계해야 하며, 위험해질 때 힘차게 싸워야 합니다.

–라이너스 폴링

1946년에 폴링은 아인슈타인이 의장을 맡은 원자 과학자 비상위원회에 가입했다. 그는 핵무기 개발과 관련된 위험을 대중에게 경고하는 일을 맡았다. 그는 아인슈타인, 버트런드 러셀 그리고 8명의 다른 주요 과학자 및 지식인들과 함께 1955년 7월 9일 러셀–아인슈타인 선언에 서명했다. 또한 1955년 7월 15일 52명의 노벨상 수상자가 서명한 마이나우 선언을 지지했다.

1957년 5월, 워싱턴대학교의 배리 커머너 교수와 함께 핵실험을 중단하라는 청원서 서명운동을 시작했다. 1958년 1월 15일, 폴링과 그의 아내는 다그 함마르셸드 유엔 사무총장에게 핵무기 실험 중단을 촉구하는 탄원서를 제출했다. 이 탄원서에는 50개국을 대표하는 11,021명의 과학자들이 서명했다.

1958년 2월, 원자물리학자 에드워드 텔러와 함께 낙진이 돌연변이를 일으킬 실제 확률에 대해 발표하는 텔레비전 토론 프로그램에 참여했다. 1958년 후반에 《더 이상 전쟁은 없다!(No more war!)》라는 책을 출간했는데, 이 책에서 핵무기 실험의 종식뿐만 아니라 전쟁 자체의 종식을 촉구하였다. 그는 국제연합의 산하기관으로 세계 평화 연구 기구를 설립할 것을 제안했다.

또한 세인트루이스 핵 정보 시민 위원회(CNI)의 활동을 지원했다.

배리 커머너, 에릭 리스, M. W. 프리드랜더, 존 파울러가 이끄는 이 위원회는 북미 전역의 어린이들의 젖니에서 방사성 스트론튬-90을 측정했다. 1961년 루이스 라이스가 발표한 '젖니 조사(Baby Tooth Survey)'는 지상 핵실험으로 인해 오염된 풀을 섭취한 젖소의 우유를 통해 방사능 낙진이 확산되어 심각한 공중 보건 위험을 초래한다는 것을 결정적으로 입증했다. 1963년 10월 10일, 노벨상 위원회는 폴링에게 1962년 노벨평화상을 수여했다.

분자궤도함수 _ 훈트와 멀리켄의 분자궤도함수

정교수 원자에 대한 양자역학이 완성된 후, 과학자들은 분자에 대한 양자역학을 생각하기 시작했어. 분자는 핵들과 전자들로 이루어져 있어. 그러므로 운동에너지 연산자는 핵들의 운동에너지 연산자 $\hat{T}_n$과 전자들의 운동에너지 연산자 $\hat{T}_e$의 합이 돼. 분자의 운동에너지 연산자를 $\hat{T}$라고 하면

$$\hat{T} = \hat{T}_n + \hat{T}_e \qquad (5\text{-}3\text{-}1)$$

이 되지.

화학군 퍼텐셜에너지 연산자는 어떻게 되죠?

정교수 핵은 양의 전기를 전자는 음의 전기를 띠고 있어. 그러므로 핵과 핵의 전기력은 척력, 핵과 전자의 전기력은 인력, 전자와 전자의

전기력은 척력이 되지. 분자의 퍼텐셜에너지 연산자를 $\hat{V}$라고 하면,

$$\hat{V} = \hat{V}_{ee} + \hat{V}_{ne} + \hat{V}_{nn} \quad (5\text{–}3\text{–}2)$$

가 돼. 여기서

$\hat{V}_{ee}$ = 전자 사이의 전기 퍼텐셜에너지

$\hat{V}_{ne}$ = 핵과 전자 사이의 전기 퍼텐셜에너지

$\hat{V}_{nn}$ = 핵과 핵 사이의 전기 퍼텐셜에너지

를 나타내. 그러므로 분자의 파동함수를 ψ라고 하면 슈뢰딩거 방정식은

$$\hat{H}\psi = E\psi \quad (5\text{–}3\text{–}3)$$

가 돼. 여기서

$$\hat{H} = \hat{T} + \hat{V}$$

이지.

화학군 (5–3–3)은 어떻게 풀죠?

정교수 분자의 퍼텐셜은 너무 복잡해서 수학적으로 풀리지 않아. 그래서 과학자들은 적당한 가정을 통해 (5–3–3)을 근사적으로 푸는 방법을 찾아냈지.

1927년 보른과 오펜하이머는 분자의 양자역학에서 핵들이 거의 정지해 있으므로 전자의 운동만 고려하면 된다고 생각했다. 이것을 보른-오펜하이머 근사라고 부른다. 이 경우

$$\hat{T}_n = 0$$

$$\hat{V}_{nn} = 0$$

이라고 둘 수 있으므로

$$\hat{H} = \hat{T}_e + \hat{V}_{ee} + \hat{V}_{ne} \tag{5-3-4}$$

가 되고, 이때 파동함수는 전자의 파동함수가 되고 에너지 E는 분자 속 전자의 에너지가 된다. 이때 분자 속의 특정 전자 한 개를 생각하면

$$(\hat{T}_e + \hat{V}_{ee} + \hat{V}_{ne})\psi = E\psi \tag{5-3-5}$$

가 된다.

1927년 훈트와 멀리켄은 식(5-3-5)를 풀기 위해 분자궤도함수의 개념을 도입했다. 그들은 가장 간단한 수소분자이온 (H_2^+)를 생각했다. 이 이온은 수소 분자에서 전자 한 개를 잃어버린 경우이므로 수소핵 두 개와 전자 한 개로 이루어져 있다. 두 개의 핵을 a, b로 나타내고 전자를 e로 나타내면 다음 그림과 같다.

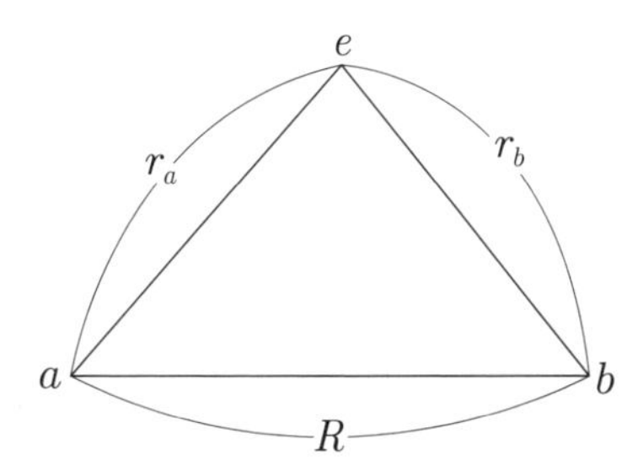

훈트와 멀리켄은 핵이 거의 제자리에 고정되어 있다고 생각했다. 이때 전자의 해밀토니안은

$$\hat{H} = -\frac{\hbar^2}{2m}\nabla^2 + V \tag{5-3-6}$$

가 된다. 여기서

$$V = -\frac{e^2}{r_a} - \frac{e^2}{r_b} + \frac{e^2}{R} \tag{5-3-7}$$

이다.

훈트와 멀리켄은 전자가 핵 a 근처에 있을 때는 핵 b에 의한 영향이 거의 없다고 가정했고, 이때 전자의 파동함수를 ϕ_a라고 하면

$$\left(-\frac{\hbar^2}{2m}\nabla^2 - \frac{e^2}{r_a}\right)\phi_a(r,\theta,\phi) = E_a\phi_a(r,\theta,\phi) \tag{5-3-8}$$

이 된다고 생각했다. 마찬가지로 전자가 핵 b 근처에 있을 때 전자의

파동함수를 ϕ_b라고 하면

$$\left(-\frac{\hbar^2}{2m}\nabla^2-\frac{e^2}{r_b}\right)\phi_b(r,\theta,\phi)=E_b\phi_b(r,\theta,\phi) \tag{5-3-9}$$

가 된다. 여기서 ϕ_a, ϕ_b를 원자궤도함수라고 부른다.

훈트와 멀리켄은 분자의 파동함수를

$$\psi=c_1\phi_a+c_2\phi_b \tag{5-3-10}$$

라고 가정했다.

이때 수소분자이온 (H_2^+)의 바닥 상태 에너지는 파동함수 (5-3-10)에 의한 에너지가 최소일 때이다. 원자궤도함수의 바닥 상태는 $1s$이므로

$$\phi_a=\phi_{1s_a}=\frac{2}{\sqrt{4\pi}}\left(\frac{1}{a_0}\right)^{3/2}e^{-r_a/a_0}$$

$$\phi_b=\phi_{1s_b}=\frac{2}{\sqrt{4\pi}}\left(\frac{1}{a_0}\right)^{3/2}e^{-r_b/a_0}$$

이고,

$$E_a=E_b=-13.6\mathrm{eV}$$

이다. 이때 파동함수 (5-3-10)에 의한 에너지는

$$E = \frac{\int \psi^* \hat{H} \psi dv}{\int \psi^* \psi dv}$$

가 된다. 한편

$$\phi_a^* = \phi_a$$

$$\phi_b^* = \phi_b$$

이므로,

$$\int \psi^* \psi dv$$

$$= \int (c_1 \phi_a + c_2 \phi_b)(c_1 \phi_a + c_2 \phi_b) dv$$

$$= c_1^2 + c_2^2 + 2c_1 c_2 S$$

가 된다. 여기서

$$S = \int \phi_a \phi_b dv$$

이다. 한편

$$\int \psi^* \hat{H} \psi dv$$

$$= \int (c_1 \phi_a + c_2 \phi_b) \hat{H} (c_1 \phi_a + c_2 \phi_b) dv$$

$$= c_1^2 E_{aa} + c_2^2 E_{bb} + 2c_1 c_2 E_{ab}$$

가 되는데,

$$E_{aa} = \int \phi_a \hat{H} \phi_a dv$$

$$E_{bb} = \int \phi_b \hat{H} \phi_b dv$$

$$E_{ab} = \int \phi_a \hat{H} \phi_b dv = \int \phi_b \hat{H} \phi_a dv$$

라 두면,

$$E = \frac{c_1^2 E_{aa} + 2c_1 c_2 E_{ab} + c_2^2 E_{bb}}{c_1^2 + 2c_1 c_2 S + c_2^2} \tag{5-3-11}$$

가 된다. 훈트와 멀리켄은 이 에너지가 최솟값을 가질 때 수소 분자이온이 바닥 상태 에너지가 된다는 것을 알았다. 이 에너지는 변수 c_1, c_2의 함수이므로 두 변수에 대한 극값조건

$$\frac{\partial E}{\partial c_1} = 0$$

$$\frac{\partial E}{\partial c_2} = 0$$

을 이용하자. 이때

$$F = c_1^2 E_{aa} + 2c_1 c_2 E_{ab} + c_2^2 E_{bb}$$

$$G = c_1^2 + 2c_1 c_2 S + c_2^2$$

라고 놓으면

$$E = \frac{F}{G}$$

가 되고,

$$\frac{\partial E}{\partial c_1} = \frac{1}{G}\frac{\partial F}{\partial c_1} - \frac{1}{G^2}\frac{\partial G}{\partial c_1}F$$

$$= \frac{1}{G}\frac{\partial F}{\partial c_1} - E\frac{1}{G}\frac{\partial G}{\partial c_1}$$

$$= \frac{1}{G}(2c_1 E_{aa} + 2c_2 E_{ab}) - E\frac{1}{G}(2c_1 + 2c_2 S)$$

$$= \frac{2c_1(E_{aa} - E) + 2c_2(E_{ab} - SE)}{c_1^2 + 2c_1 c_2 S + c_2^2} = 0$$

이고, 마찬가지로

$$\frac{\partial E}{\partial c_2} = \frac{2c_1(E_{ab} - SE) + 2c_2(E_{bb} - E)}{c_1^2 + 2c_1 c_2 S + c_2^2} = 0$$

이 된다. 그러므로

$$2c_1(E_{aa}-E)+2c_2(E_{ab}-SE)=0 \tag{5-3-12}$$

$$2c_1(E_{ab}-SE)+2c_2(E_{bb}-E)=0 \tag{5-3-13}$$

두 직선이 일치해야 하므로

$$\frac{E_{aa}-E}{E_{ab}-SE}=\frac{E_{ab}-SE}{E_{bb}-E} \tag{5-3-14}$$

이다. 두 원자핵은 수소 원자핵으로 동일하므로

$$E_{aa}=E_{bb}$$

가 된다. 이때 식 (5-3-13)과 (5-3-14)는

$$(E_{aa}-E)^2=(E_{ab}-SE)^2$$

$$E_{aa}-E=E_{ab}-SE$$

또는

$$E_{aa}-E=-(E_{ab}-SE)$$

가 된다. 여기서 가능한 E를 E_1, E_2라고 하면

$$E_1=\frac{E_{aa}+E_{ab}}{1+S}$$

$$E_2=\frac{E_{aa}-E_{ab}}{1-S}$$

가 된다. $E = E_1$일 때 c_1, c_2를 $c_1^{(1)}$, $c_2^{(1)}$라고 하면

$$c_1^{(1)}, c_2^{(1)}$$

이고, $E = E_2$일 때 c_1, c_2를 $c_1^{(2)}$, $c_2^{(2)}$라고 하면

$$c_1^{(2)} = c_2^{(2)}$$

이다. $E = E_1$에 대응되는 분자궤도함수를 ψ_1라고 하면

$$\psi_1 = c_1^{(1)}(\phi_a + \phi_b)$$

라고 하는데, 이것을 결합성 분자궤도함수라고 부른다. $E = E_2$에 대응되는 분자궤도함수를 ψ_2라고 하면

$$\psi_2 = c_1^{(2)}(\phi_a - \phi_b)$$

가 되는데, 이것을 반결합성 분자궤도함수라고 부른다. 파동함수의 크기가 1이라는 조건을 이용하면

$$\int \psi_1^2 dv = \left[c_1^{(1)}\right]^2(2 + 2S) = 1$$

로부터,

$$c_1^{(1)} = \frac{1}{\sqrt{2 + 2S}}$$

이 된다. 그러므로 결합성 분자궤도함수는

$$\psi_1 = \frac{1}{\sqrt{2+2S}}(\phi_a + \phi_b)$$

가 된다. 마찬가지로

$$\int \psi_2^2 dv = 1$$

로부터

$$c_1^{(2)} = \frac{1}{\sqrt{2-2S}}$$

이 되어, 반결합성 분자궤도함수는

$$\psi_1 = \frac{1}{\sqrt{2-2S}}(\phi_a - \phi_b)$$

가 된다.

폴링의 논문 속으로 _ 메테인을 양자화학적으로 설명하다

정교수 이제 폴링의 논문 속으로 들어가 보자. 너무 많은 내용이 들어 있지만 우리는 폴링이 메테인을 양자화학적으로 어떻게 설명했는지를 알아볼 거야.

화학군 메테인이 뭐죠?

정교수 전에는 메탄이라고 불렀는데 지금은 메테인으로 발음해.

화학군 아하! 메탄.

정교수 메테인은 가장 간단한 탄소화합물로, 탄소 하나에 수소 4개가 붙어 있어. 분자량은 16이고, 녹는점은 −183℃, 끓는점은 −162℃로 상온에서 기체이지.

메테인은 자연적으로는 유기물이 물속에서 부패하거나 발효할 때 생기므로 늪지대의 바닥 등에서 발생한다. 또 석탄층에 함유되어 석탄 갱내에서 발생하여 공기와 섞여 폭발을 일으킬 때도 있다. 천연가스나 석탄가스의 주성분을 이룬다.

메테인의 화학식은 CH_4이고 C−H의 결합 길이는 0.110nm이며, C−H의 결합 사이의 결합각은 109.5°이며, 무극성 분자이다.

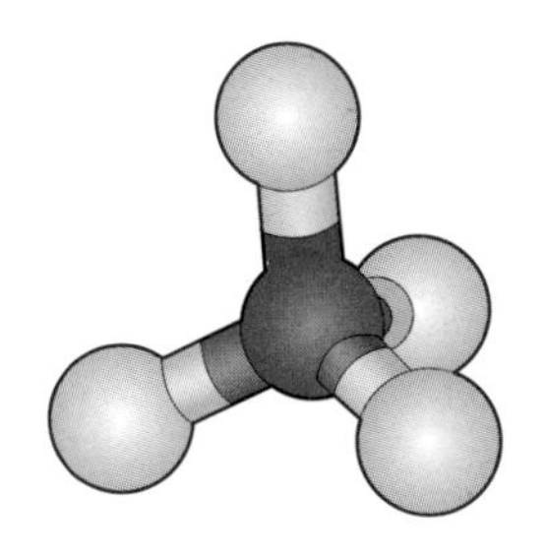

탄소는 원자번호 6번이므로 가전자가 있는 곳은 $n = 2$껍질이다. 그러므로 탄소 원자에서는 $2s$ 상태의 전자와 $2p$ 상태의 전자가 중요

한 역할을 한다. 반면 수소의 가전자는 $n=1$껍질에 있다. 따라서 탄소가 메테인 분자를 만들 때 탄소의 가전자들은 수소의 $n=1$껍질의 전자와 관계된다.

탄소는 4가이므로 훈트의 규칙에 따라 $2s$ 상태의 전자가 1개, $2p_x$ 오비탈 전자가 1개, $2p_y$오비탈 전자가 1개, $2p_z$오비탈 전자가 1개 있다. 메테인 분자 속의 분자궤도함수를 ϕ_{2s}, ϕ_{2p_x}, ϕ_{2p_y}, ϕ_{2p_z}의 중첩으로 생각하면 다음과 같다.

$$\psi = c_1\phi_{2s} + c_2\phi_{2p_x} + c_3\phi_{2p_y} + c_4\phi_{2p_z}$$

이것을 sp^3혼성이라고 부른다. 각각의 p−오비탈의 모습 중 한쪽 귓불만 귓불 끝에 전자가 있을 확률이 제일 높다.

먼저 $c_1=0$인 경우를 생각하면

$$\psi = c_2\phi_{2p_x} + c_3\phi_{2p_y} + c_4\phi_{2p_z}$$

가 된다.

세 개의 p−오비탈에서 확률이 0인 점을 원점으로 택하자.

이때 ϕ_{2p_x}를 원점에서 p_x−오비탈의 한쪽 귓불을 향하는 단위 벡터로 잡자. 마찬가지로 ϕ_{2p_y}를 원점에서 p_y−오비탈의 한쪽 귓불을 향하는 단위 벡터로 ϕ_{2p_z}를 원점에서 p_z−오비탈의 한쪽 귓불을 향하는 단위 벡터로 잡자.

이때

$$\phi_{2p_x} = \hat{i}$$

$$\phi_{2p_y} = \hat{j}$$

$$\phi_{2p_z} = \hat{k}$$

가 된다.

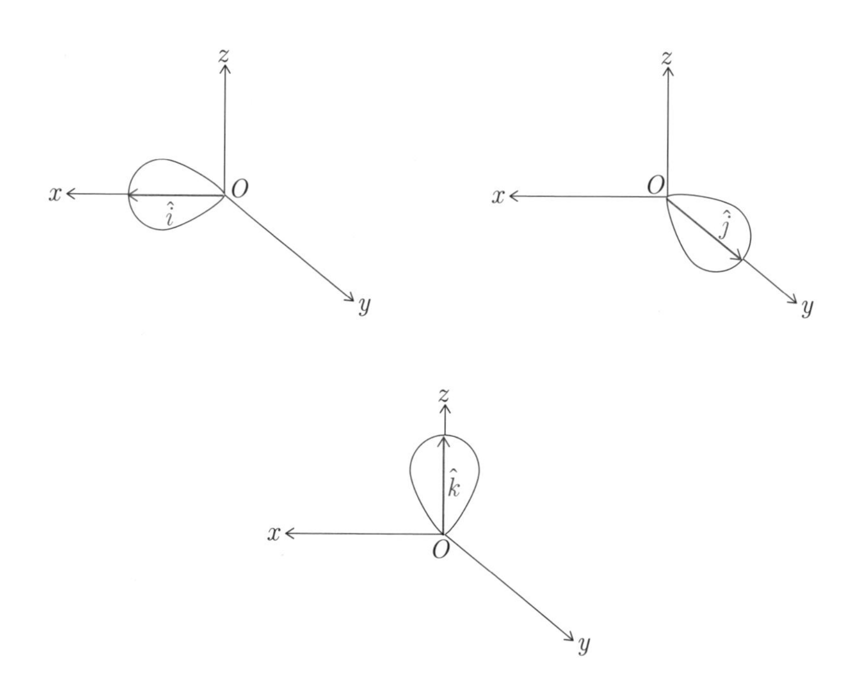

이들 궤도의 중첩이 사면체 분자 구조를 가지려면 다음 그림과 같이 중첩되어야 한다.

$$\overrightarrow{OA} = \hat{i} + \hat{j} + \hat{k}$$

$$\overrightarrow{OB} = -\hat{i} - \hat{j} + \hat{k}$$

$$\overrightarrow{OC} = \hat{i} - \hat{j} - \hat{k}$$

$$\overrightarrow{OD} = -\hat{i} + \hat{j} - \hat{k}$$

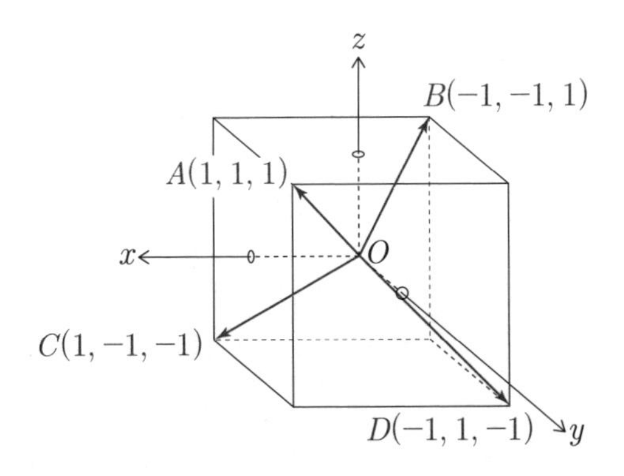

이때 $\overrightarrow{OA}$와 $\overrightarrow{OB}$가 이루는 각의 코사인은

$$\cos\theta_{AB} = -\frac{1}{3}$$

이 되어,

$$\theta_{AB} = 109^{\circ}28'$$

가 된다. 다른 모든 각도 $109^{\circ}28'$가 된다.

$\overrightarrow{OA}$ 방향을 묘사하는 분자궤도함수를 ψ_1, $\overrightarrow{OD}$ 방향을 묘사하는 분자궤도함수를 ψ_2, $\overrightarrow{OC}$ 방향을 묘사하는 분자궤도함수를 ψ_3, $\overrightarrow{OB}$방향을 묘사하는 분자궤도함수를 ψ_4라고 하자.

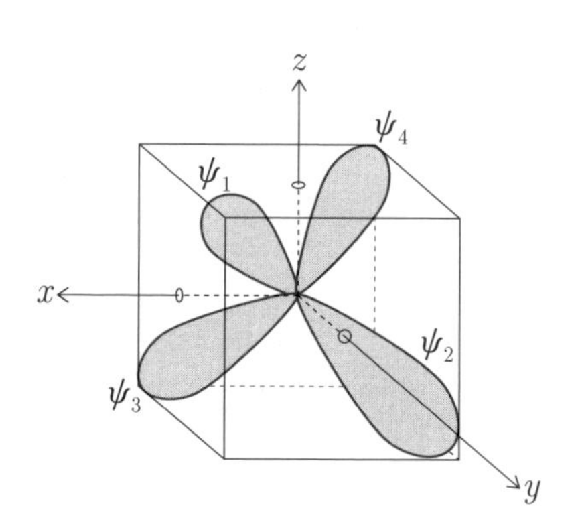

2s궤도에 전자가 한 개 있으므로

$$\psi_1 = N_1(\phi_{2s} + \phi_{2p_x} + \phi_{2p_y} + \phi_{2p_z})$$

$$\psi_2 = N_2(\phi_{2s} - \phi_{2p_x} + \phi_{2p_y} - \phi_{2p_z})$$

$$\psi_3 = N_3(\phi_{2s} + \phi_{2p_x} - \phi_{2p_y} - \phi_{2p_z})$$

$$\psi_4 = N_4(\phi_{2s} - \phi_{2p_x} - \phi_{2p_y} + \phi_{2p_z})$$

가 되는 한편, 파동함수의 정규화 조건으로부터,

$$N_1 = N_2 = N_3 = N_4 = \frac{1}{2}$$

이 된다.

메테인의 구조를 묘사하는 다른 방법으로는, 사면체의 네 꼭짓점을 다르게 선택할 수 있다. 예를 들어 폴링의 논문에서처럼 다음과 같이 선택해 보자.

$$\overrightarrow{OA} = \hat{i}$$

$$\overrightarrow{OC} = -\frac{1}{3}\hat{i} + \frac{2\sqrt{2}}{3}\hat{k}$$

$$\overrightarrow{OD} = -\frac{1}{3}\hat{i} + \sqrt{\frac{2}{3}}\hat{j} - \frac{\sqrt{2}}{3}\hat{k}$$

$$\overrightarrow{OB} = -\frac{1}{3}\hat{i} - \sqrt{\frac{2}{3}}\hat{j} - \frac{\sqrt{2}}{3}\hat{k}$$

이때 각 방향을 묘사하는 분자궤도함수는 다음과 같다.

$$\psi_1 = \frac{1}{2}\phi_{2s} + \frac{\sqrt{3}}{2}\phi_{2p_x}$$

$$\psi_2 = \frac{1}{2}\phi_{2s} + \frac{\sqrt{3}}{2}(-\frac{1}{3}\phi_{2p_x} + \frac{2\sqrt{2}}{3}\phi_{2p_z})$$

$$\psi_3 = \frac{1}{2}\phi_{2s} + \frac{\sqrt{3}}{2}(-\frac{1}{3}\phi_{2p_x} - \frac{\sqrt{2}}{3}\phi_{2p_z} + \frac{\sqrt{2}}{3}\phi_{2p_y})$$

$$\psi_4 = \frac{1}{2}\phi_{2s} + \frac{\sqrt{3}}{2}(-\frac{1}{3}\phi_{2p_x} - \frac{\sqrt{2}}{3}\phi_{2p_z} - \frac{\sqrt{2}}{3}\phi_{2p_y})$$

이제 이 네 개의 분자궤도함수들에 대해 $|\psi_i|^2$을 그려보자. 여기서 네 개의 분자궤도함수는 θ, φ에만 의존한다고 가정하자. $|\psi_i|^2$을 $x-z$평면에서 그려보자. 이 경우 $y=0$이므로 $\varphi=0$이 된다.

$|\psi_1|^2$을 $x-z$평면에서 그리면 다음과 같다.

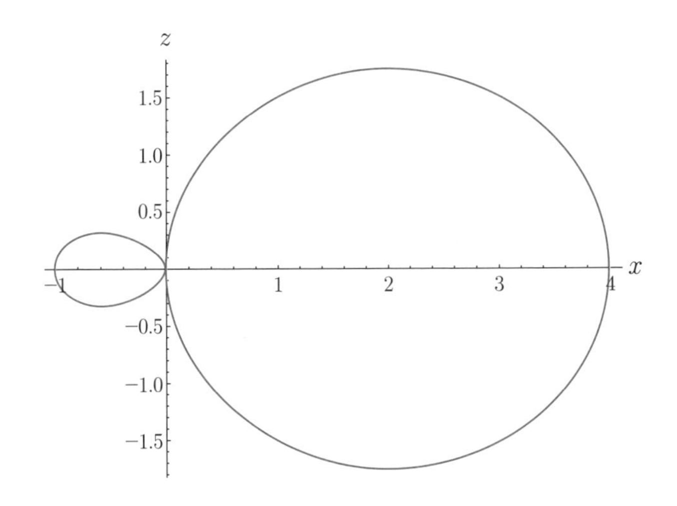

여기서 원점으로부터 곡선 위의 점까지의 거리가 $|\psi_1|^2$을 나타낸다.

$|\psi_2|^2$을 $x-z$평면에서 그리면 다음과 같다.

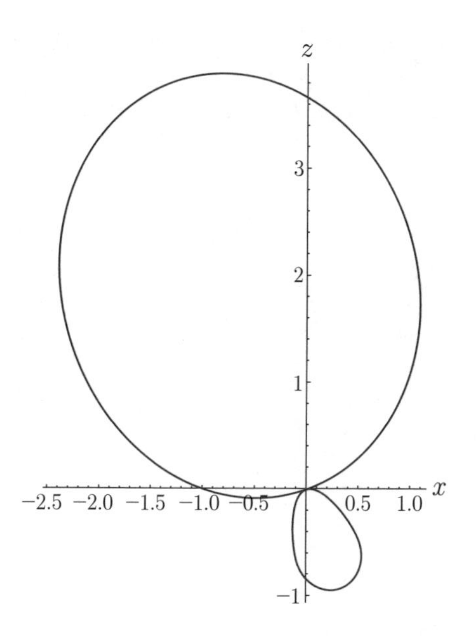

여기서 원점으로부터 곡선 위의 점까지의 거리가 $|\psi_2|^2$을 나타낸다. $|\psi_3|^2$을 $x-z$평면에서 그리면 다음과 같다.

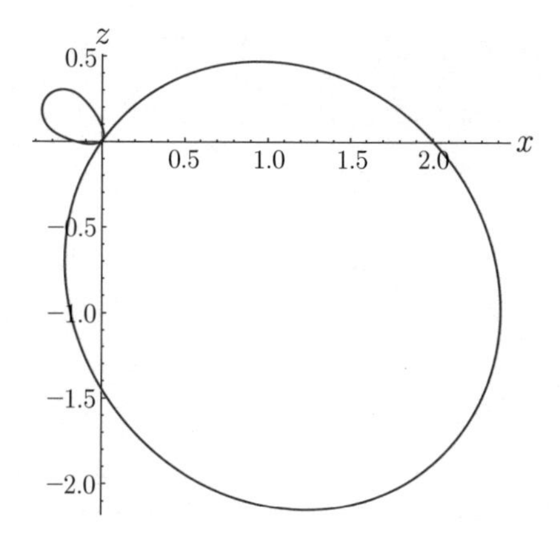

여기서 원점으로부터 곡선 위의 점까지의 거리가 $|\psi_3|^2$을 나타낸다.

$|\psi_4|^2$을 $x-z$평면에서 그리면 다음과 같다.

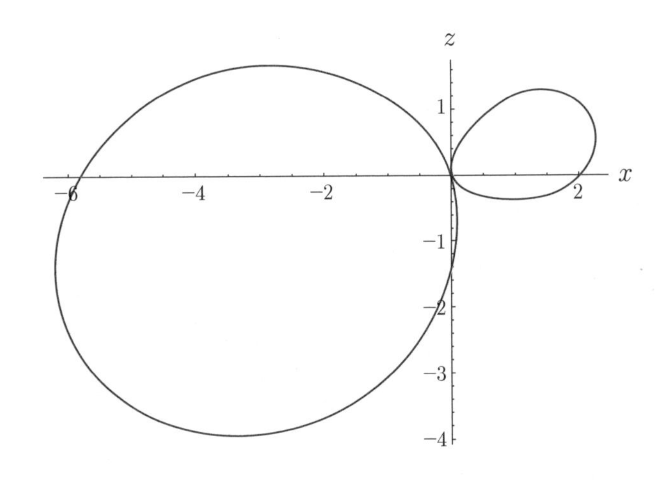

여기서 원점으로부터 곡선 위의 점까지의 거리가 $|\psi_4|^2$을 나타낸다.

화학군 파동함수를 잘 섞어주면 화학결합의 구조를 알 수 있군요.

정교수 맞아. 그게 바로 폴링의 양자화학의 핵심이야.

만남에 덧붙여

By combining these results with those derived from Jahn's measurements of the electromotive force at 18° of cells Ag + AgCl, $HCl(c_1)$, $HCl(c_2)$, AgCl + Ag the series of free-energy values has been extended from 0.033 to 0.00167 molal (Table IX). And with the aid of calorimetric data and an electromotive force determination of the cell H_2, HCl, Hg_2Cl_2 + Hg by Lewis and Rupert, the absolute free energy of HCl (referred to the free energies of the elements as zero) at 18, 25, and 35° in solutions from 0.00167 molal to 4.5 molal has been calculated and tabulated (Table X).

From these free-energy data, with the aid of the assumption that at the lowest concentration (0.00167 molal) the ion activity is equal to the ion concentration, a series of absolute activity coefficients for hydrochloric acid covering the concentration range 0.00167–4.5 molal has been computed (Table XI). These have then been compared with the activity coefficients of potassium chloride derived from the electromotive-force measurements of MacInnes and Parker (Table XII) and the osmotic pressure calculations of Bates (Table XIII).

The results lead to the conclusions that the activity coefficients both of hydrochloric acid and potassium chloride decrease up to 0.1 molal far more rapidly than do the conductance ratios. The difference at this concentration amounts to 9% for hydrochloric acid and 15% for potassium chloride, so that in using the conductance ratio as a measure of ion activity in mass-action expressions, as is commonly done, a corresponding error is involved. At a concentration of about 0.5 molal the activity coefficient of hydrochloric acid reaches a minimum, and then increases very rapidly with increasing concentration, becoming at the highest concentration (4.48 molal) 2.23 times as great as at zero concentration. The results show further that the activity coefficients of potassium chloride derived independently from electromotive force and from freezing-point measurements are in remarkable agreement, affording evidence that in the case of this salt the conductance ratio is a true measure of ion concentration (though not of ion activity), since this assumption is made in the calculation from the freezing points, but not in that from the electromotive forces.

BOSTON, MASS.

[CONTRIBUTION FROM THE CHEMICAL LABORATORY OF THE UNIVERSITY OF CALIFORNIA.]

THE ATOM AND THE MOLECULE.

BY GILBERT N. LEWIS.

Received January 26, 1916.

In a paper entitled "Valence and Tautomerism"[1] I took occasion

[1] THIS JOURNAL, 35, 1448 (1913); see also the important article of Bray and Branch, *Ibid.*, 35, 1440 (1913).

to point out the great importance of substituting for the conventional classification of chemical substances, as inorganic or organic, the more general classification which distinguishes between polar and nonpolar substances. The two classifications roughly coincide, since most inorganic substances are distinctly polar, while the majority of organic substances belong to the nonpolar class; thus potassium chloride represents the extreme polar type and methane the nonpolar. Nevertheless, there are many inorganic substances which, under ordinary circumstances, are predominantly nonpolar, and many organic substances which, at least in a certain part of the molecule, are strongly polar.

This article was apparently unknown to Sir. J. J. Thomson[1] when he wrote, in 1914, an extremely interesting paper on the "Forces between Atoms and Chemical Affinity" in which he reached conclusions in striking accord with my own, and discussed in considerable detail the theories of atomic and molecular structure which led him to these conclusions.

To enable us to appreciate the importance and the usefulness of a distinction between the polar and nonpolar types of chemical molecules no hypotheses are necessary, but in a more minute examination of the nature of such a distinction some theory of atomic structure is indispensable. Such a theory I have employed for a number of years in the interpretation of chemical phenomena, but it has not hitherto been published. I shall present this theory briefly in the present paper, for, while it bears much resemblance to some current theories of the atom, it shows some radical points of departure from them. As an introduction it will be desirable to review the characteristics of polar and nonpolar compounds.

Polar and Nonpolar Types.

The very striking differences in properties between the extreme polar and the extreme nonpolar types are summarized in the following table quoted from my previous paper:

POLAR.	NONPOLAR.
Mobile	Immobile
Reactive[2]	Inert
Condensed structure	Frame structure
Tautomerism	Isomerism
Electrophiles	Non-electrophiles
Ionized	Not ionized
Ionizing solvents	Not ionizing solvents
High dielectric constant	Low dielectric constant
Molecular complexes	No molecular complexes
Association	No association
Abnormal liquids	Normal liquids

[1] *Phil. Mag.*, **27**, 757 (1914).

[2] In my former paper the words "inert" and "reactive" were inadvertently transposed and appear in the wrong columns.

All of these properties with respect to which fundamental distinctions have been made between the two types, and which seem so unconnected, are in fact closely related, and the differences are all due to a single cause. Even before making any more special hypothesis we may very safely assume that the essential difference between the polar and the nonpolar molecule is that, in the former, one or more electrons are held by sufficiently weak constraints so that they may become separated from their former positions in the atom, and in the extreme case pass altogether to another atom, thus producing in the molecule a bipole or multipole of high electrical moment. Thus in an extremely polar molecule, such as that of sodium chloride, it is probable that at least in the great majority of molecules the chlorine atom has acquired a unit negative charge and therefore the sodium atom a unit positive charge, and that the process of ionization consists only in a further separation of these charged parts.

If then we consider the nonpolar molecule as one in which the electrons belonging to the individual atom are held by such constraints that they do not move far from their normal positions, while in the polar molecule the electrons, being more mobile, so move as to separate the molecule into positive and negative parts, then all the distinguishing properties of the two types of compounds become necessary consequences of this assumption, as we may readily show.

Thus polar compounds with their mobile parts fall readily into those combinations which represent the very few stable states, while the nonpolar molecules, in which the parts are held by firmer constraints, are inert and unreactive, and can therefore be built up into the numerous complicated structures of organic chemistry. Many organic compounds, especially those containing elements like oxygen and nitrogen, and those which are said to be unsaturated, show at least in some part of the molecule a decidedly polar character. In such cases we have the phenomenon of tautomerism, where two or more forms of the molecule pass readily into one another and exist together in a condition of mobile equilibrium. Tautomerism is not characteristic of organic substances, but is, on the other hand, a predominant trait of most inorganic substances, which behave as if a great variety of forms were existing together in extremely mobile equilibrium.

When a molecule owing to the displacement of an electron, or electrons, becomes a bipole (or multipole) of high electrical moment, that is, when its charged parts are separated by an appreciable distance, its force of attraction for another molecular bipole will be felt over a considerable intervening distance, and two or more such bipoles will frequently be drawn together into a single aggregate in which the positive part of one molecule is brought as near as possible to the negative part of another. The molecules of a polar substance will therefore not only exhibit an unusually high intermolecular attraction at a distance, but will frequently combine with one another and show the phenomenon known as association. It is indeed the substances which are distinctly polar, like ammonia, water, acids, and alcohols, which constitute, on account of association as well as of high intermolecular attraction, a class of liquids which are called abnormal with respect to numerous properties such as critical point, vapor pressure, heat of vaporization, viscosity, and surface tension.

Moreover a polar substance will combine with other substances to form those aggregates which are sometimes known as molecular compounds or complexes, and it may so combine with substances which are not of themselves markedly polar, for in the presence of a polar substance all other substances become more polar.

This important effect of polar molecules in rendering others more polar, to which I called attention in my previous paper, has been discussed in some detail by Thomson. A molecular bipole of small molecular moment, which would scarcely attract a similar molecule, will be very appreciably attracted by a polar molecule or bipole of high moment, and may form with it a double molecule. In this process the weaker bipole stretches and its moment increases. In general, if two molecules combine, or even approach one another, each weakens the constraints which hold together the charge of the other, and the electrical moment of each is increased.

This increase in the polar character of a molecule when combined with, or in the neighborhood of, other polar molecules is to a remarkable degree cumulative, for when two molecules by their approach or combination become more polar they draw other molecules more strongly towards them, but this still further increases their polar character. This is strikingly illustrated in numerous phenomena. Thus two substances in the gaseous state may differ but little in polar character, but when they are condensed to liquids the differences are frequently enormous.

The polar character of a substance depends, therefore, not only upon the specific properties of the individual molecules, but also upon what we may call the strength of the polar environment. Without attempting to give any quantitative definition of our terms we may plot, as in Fig. 1, the degree of polarity of a substance as ordinate and the strength of the polar environment as abscissa. We then have for all substances a curve of the type shown in the figure where the dotted line represents the highest degree of polarity, namely complete ionization. Different pure substances in

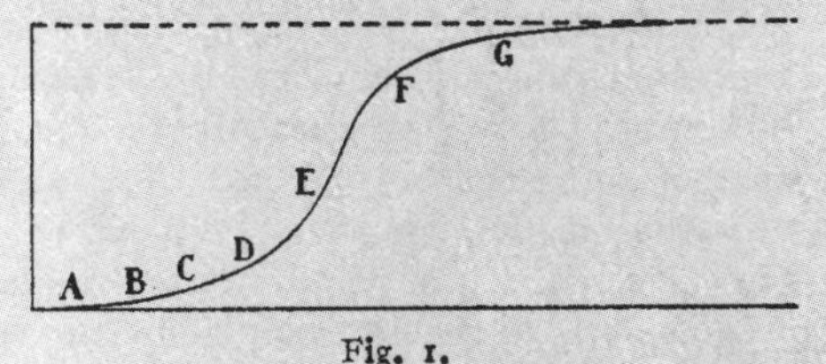

Fig. 1.

the liquid state come at different points, thus, roughly, hexane at A; benzene at B; ether at C; esters at D; water, ammonia, alcohols, amines, acids between D and F; and fused salts at G. In the last case, since the substance has nearly reached its highest possible polarity, it will not be much affected by an increase in the strength of the polar environment. At the other end of the curve a substance at A in a strong polar environment may move to B, and one at B may move to C, but they would not become markedly polar. It is in the intermediate range that substances are most affected by small changes in the environment. Thus hydrochloric acid, which in the pure state is not extremely polar, reaches nearly the highest possible state of polarity when dissolved in water. Such a change in this region is often much accentuated by the formation of complexes, and thus we have the rule of Abegg and Bodländer that a weak electrolyte usually becomes a strong electrolyte when its weak ion is converted into a complex ion.

We come then to the consideration of the electrical properties which distinguish polar from nonpolar substances, or, in accordance with the terminology which I formerly used,[1] which distinguish good electrophiles from poor electrophiles.

The first difference is in the dielectric constant. The difference between the dielectric constant of a substance and that of free space measures directly the number of free charges in the substance multiplied by the average distance through which these charges move under the influence of a definite electric field. In the polar molecule the constraints which operate against a separation of the charges, being already weak, may be further stretched in the electric field, and what is more important, the bipoles (or multipoles) which already exist in the polar substance may, by rotation, orient themselves in the electric field, thus producing a large displacement current and therefore a high dielectric constant. In this connection Thomson has called attention to the work of Baedeker,[2] which shows that even in the gaseous state such substances as ammonia, water and hydrochloric acid possess an abnormally high dielectric constant.

Finally the polar substance, whether in the pure state or dissolved in another solvent, will obviously be the one which will be readily ionized. Moreover, polar substances are the strong ionizing solvents, for when another substance is combined with a highly polar substance, or even dissolved in such a solvent without actual combination of molecules, the degree of its own polarity largely increases.

Wide apart as the polar and nonpolar types are in the extreme, we must nevertheless inquire whether the difference is one of kind or one of degree.

[1] Lewis and Wheeler, *Z. physik. Chem.*, **56**, 189 (1906).

[2] *Z. physik. Chem.*, **36**, 305 (1901).

If there were a sharp and always recognizable distinction between the polar and the nonpolar molecule then a substance would be more polar or less polar according as it possessed a greater or smaller percentage of molecules of the first type. This would be a simple and in many cases a satisfactory interpretation of the difference in behavior between different substances, but scanning the whole field of chemical phenomena we are, I believe, forced to the conclusion that the distinction between the most extreme polar and nonpolar types is only one of degree, and that a single molecule, or even a part of a molecule, may pass from one extreme type to another, not by a sudden and discontinuous change, but by imperceptible gradations. The nature of such a transition we shall discuss in the following sections:

The Cubical Atom.

A number of years ago, to account for the striking fact which has become known as Abegg's law of valence and countervalence, and according to which the total difference between the maximum negative and positive valences or polar numbers of an element is frequently eight and is in no case more than eight, I designed what may be called the theory of the cubical atom. This theory, while it has become familiar to a number of my colleagues, has never been published, partly because it was in many respects incomplete. Although many of these elements of incompleteness remain, and although the theory lacks to-day much of the novelty which it originally possessed, it seems to me more probable intrinsically than some of the other theories of atomic structure which have been proposed, and I cannot discuss more fully the nature of the differences between polar and nonpolar compounds without a brief discussion of this theory.

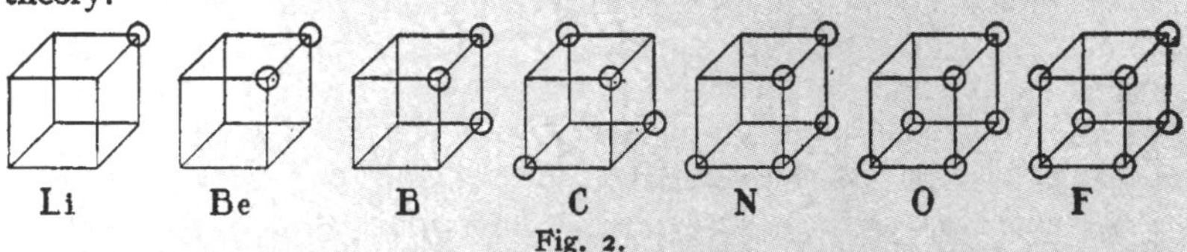

Fig. 2.

The pictures of atomic structure which are reproduced in Fig. 2,[1] and in which the circles represent the electrons in the outer shell of the

[1] These figures are taken from a memorandum dated March 28, 1902, together with the models are notes concerning different types of chemical compounds; the various possible arrangements of electrons in the outer atom and the possibility of intra-atomic isomerism; the relationship between symmetrical structure and atomic volume; and certain speculations as to the structure of the helium atom which we shall see were probably partly incorrect. The date of origin of this theory is mentioned not with the purpose of claiming any sort of priority with respect to those portions which overlap existing theories, but because the fact that similar theories have been developed independently adds to the probability that all possess some characteristics of fundamental reality.

neutral atom, were designed to explain a number of important laws of chemical behavior with the aid of the following postulates:

1. In every atom is an essential *kernel* which remains unaltered in all ordinary chemical changes and which possesses an excess of positive charges corresponding in number to the ordinal number of the group in the periodic table to which the element belongs.

2. The atom is composed of the kernel and an *outer atom* or *shell*, which, in the case of the neutral atom, contains negative electrons equal in number to the excess of positive charges of the kernel, but the number of electrons in the shell may vary during chemical change between 0 and 8.

3. The atom tends to hold an even number of electrons in the shell, and especially to hold eight electrons which are normally arranged symmetrically at the eight corners of a cube.[1]

4. Two atomic shells are mutually interpenetrable.

5. Electrons may ordinarily pass with readiness from one position in the outer shell to another. Nevertheless they are held in position by more or less rigid constraints, and these positions and the magnitude of the constraints are determined by the nature of the atom and of such other atoms as are combined with it.

6. Electric forces between particles which are very close together do not obey the simple law of inverse squares which holds at greater distances.

Some further discussion of these postulates is necessary in order to make their meaning clear. The first postulate deals with the two parts of the atom which correspond roughly with the inner and outer rings of the Thomson atom. The kernel being that part of the atom which is unaltered by ordinary chemical change is of sufficient importance to merit a separate symbol. I propose that the common symbol of the element printed in a different type be used to represent the kernel. Thus **Li** will stand for the lithium kernel. It has a single positive charge and is equivalent to pure lithium ion Li^+. **Be** has two positive charges, **B** three, **C** four, **N** five, **O** six and **F** seven.

We might expect the next element in the series, neon, to have an atomic kernel with eight positive charges and an outer shell consisting of eight electrons. In a certain sense this is doubtless the case. However, as has been stated in Postulate 3, a group of eight electrons in the shell is extremely stable, and this stability is the greater the smaller the difference in charge between the nucleus and this group of eight electrons. Thus in fluoride ion the kernel has a charge of +7, and the negative charge of the group of eight electrons only exceeds it by one unit. In fact in compounds of fluorine with all other elements, fluorine is assigned the polar number —1. In the case of oxygen, where the group of eight

[1] We shall see later the advisability of modifying this assumption of the cubic arrangement of the fundamental group of eight electrons.

electrons has a charge exceeding that of the kernel by two units, the polar number is considered to be —2 in nearly every compound. Nitrogen is commonly assumed to have the polar number —3 in such compounds as ammonia and the nitrides. It may be convenient to assign occasionally to carbon the polar number —4, but it has never been found necessary to give boron a polar number —5, or beryllium —6, or lithium —7. But neon, with an inner positive charge of 8 and an outer group of eight electrons, is so extremely stable that it may, as a whole, be regarded as the kernel of neon and we may write **Ne** = Ne.[1]

The next element, sodium, begins a new outer shell[2] and **Na** = Na^+, **Mg** = Mg^{++}, and so on. In my original theory I considered the elements in the periodic table thus built up, as if block by block, forming concentric cubes. Thus potassium would be like sodium except that it would have one more cube in the kernel. This idea, as we shall see, will have to be modified, but nevertheless it gives a concrete picture to illustrate the theory.

We have then as kernels[3] with a single positive charge **H, Li, Na, K, Rb, Cs**; with two positive charges **Be, Mg, Ca, Sr, Ba**; with three charges **B, Al, Sc**; with four charges **C, Si**; with five charges **N, P, As, Sb, Bi**; with six charges **O, S, Se, Te** and a group of radioactive isotopes; with seven charges **F, Cl, Br, I**; and with zero charge **He, Ne, A, Kr, Xe** and **Nt.** These elements only will be discussed in the present paper. The remaining elements form a class in which the atomic kernel is probably neither uniquely determined nor invariable during chemical change. This is one of the elements of incompleteness in the theory. Nevertheless this classification is not arbitrary but is forced upon us, and the elements which are included furnish so large a part of the material upon which the science of chemistry is based, that the study of their compounds offers in itself a problem of great importance.

Postulate 2 cannot be fully discussed except in connection with the fourth postulate, but assuming that we understand the meaning of the reduction or oxidation of an element (at least in the case of highly polar

[1] It must not be assumed, even in the case of the elements here chosen for discussion, that the distinction between kernel and shell is absolutely hard and fast. Thus in the ionization of neon by electric discharge, electrons must be thrown off from the group which we consider as belonging to the kernel itself.

[2] The periodicity in the table of elements, due to successive additions of groups of eight electrons to the atomic kernel, is imitated closely by compounds. Thus ammonium ion has nine positive charges in the kernels and eight electrons in the shells, but these eight electrons forming a stable group make ammonium ion entirely analogous to the kernel of an alkali metal.

[3] I believe that it will be easily remembered that the sodium kernel has one positive charge, that of chlorine seven positive charges, etc.; but it may occasionally be desirable for pedagogical purposes to attach to the symbol of the atomic kernel, a small numeral as an index, to show the number of charges.

substances), reduction means an increase and oxidation a decrease in the number of electrons in the outer atom of the element. Thus for illustration, and with such reservations as will presently be shown necessary, we may state that chlorine has eight electrons in the outer shell in chlorides, six in hypochlorites, four in chlorites, two in chlorates and none in perchlorates.

Postulate 3 can best be illustrated by the use of formulae in which the electrons of the atomic shells are themselves considered as atoms of the element electricity[1] with the symbol **E**. Just as with ordinary symbols we use two types of formulae, one the gross formula representing hardly more than the chemical composition of the substance, the other a structural formula in which we attempt to represent the relative positions of the atoms, so we may, with the new symbols, employ the two types of formulae. We shall later discuss the structural formula, but at this point we may consider the gross formula involving the atomic kernels and the electrons of the outer atoms. Lithium has one positive charge in the kernel, fluorine has seven such charges, so that the neutral molecule of lithium fluoride we may represent $\mathbf{LiFE_8}$. In lithium sulfate **S** and **O** each has six positive charges, and Li_2SO_4 = $\mathbf{Li_2SO_4E_{32}}$; SO_4^{--} = $\mathbf{SO_4E_{32}}$. In every substance in which each element has either its highest or its lowest polar number, **E** will appear in multiples of 8. Thus NH_3 = $\mathbf{NH_3E_8}$, H_2O = $\mathbf{H_2OE_8}$, KOH = $\mathbf{KOHE_8}$, $NaNO_3$ = $\mathbf{NaNO_3E_{24}}$, AlO_3H_3 = $\mathbf{AlO_3H_3E_{24}}$, $MgCl_2$ = $\mathbf{MgCl_2E_{16}}$, K_2CO_3 = $\mathbf{K_2CO_3E_{24}}$. In compounds in which the elements have polar numbers intermediate between the highest and the lowest the number of electrons is not as a rule a multiple of 8, but is in almost all cases *an even number*. Thus SO_2 = $\mathbf{SO_2E_{18}}$, NaClO = $\mathbf{NaClOE_{14}}$, C_2H_2 = $\mathbf{C_2H_2E_{10}}$, C_6H_6O = $\mathbf{C_6H_6OE_{36}}$.

The extraordinary generality of this rule is shown by the fact that among the tens of thousands of known compounds of the elements under consideration only a few exceptions are known. I may state here all of such compounds that are known to me as they form a very interesting class of substances. They all possess high reactivity and tend to go over into substances with an even number of electrons. First may be mentioned some of the elements themselves in the monatomic state, and as types we may take Na = **NaE** and I = $\mathbf{IE_7}$. In addition to these,[2] we have NO = $\mathbf{NOE_{11}}$, NO_2 = $\mathbf{NO_2E_{17}}$, ClO_2 = $\mathbf{ClO_2E_{19}}$, $(C_6H_5)_3C$ = $\mathbf{(C_6H_5)_3CE_{91}}$, as well as other tri-aryl methyls[3] and probably also the intensely colored

[1] Dr. Branch has kindly called my attention to a little book by Sir William Ramsay ("The Temple Primers; Modern Chemistry") in which he uses very similar formulae containing E.

[2] Possibly hypophosphoric acid is to be added to this list, but the evidence concerning its molecular weight does not seem conclusive.

[3] See the review by Gomberg, THIS JOURNAL, 36, 1144 (1914).

compounds between alkali metals and di-aryl ketones,[1] and the colored substances which Wieland believes to contain bivalent and quadrivalent nitrogen.[2]

It is to be particularly noted that such substances when placed in a polar environment almost invariably change into substances with an even number of electrons in the outer atoms. Thus NO_2 dissolved in water gives nitrous and nitric acids, and even in pure liquid nitrogen tetroxide we must assume, since it has electrical conductivity, that such ions as $NO_2^+ = \mathbf{NO_2E_{16}}$ and $NO_2^- = \mathbf{NO_2E_{18}}$ are present. Similarly, ClO_2 dissolves to form chlorous and chloric acids to a small extent, triphenyl methyl dissolves in liquid sulfur dioxide to form a conducting solution with ions presumably of the type $(C_6H_5)_3C^+$ and $(C_6H_5)_3C^-$. Sodium in the metallic state, or when dissolved in such a solvent as liquid ammonia, dissociates according to the equation $\mathbf{NaE} = \mathbf{Na} + \mathbf{E}$. In general, therefore, we may state that a substance, in whose gross formula an odd number of electrons appears, holds one electron by weak constraints, and in a medium which weakens all electric constraints, namely in a polar medium, the odd electron may be given up completely. Of the cases mentioned, the odd electron appears to be most firmly bound in NO, and even in a polar environment the constraints are still sufficiently powerful to hold the electron. Nevertheless in the presence of any oxidizing agent such as oxygen, that is, in the presence of a substance which has a strong tendency to take up an electron, the interchange will occur at once.

Molecules of this class which contain an odd or unpaired electron will for the sake of brevity be called *odd* molecules. An odd molecule will contain at least one atom with an uneven number of electrons in the shell. This may be called an *odd* atom.

Postulate 4 raises a question of the very greatest importance. Ever since the first suggestion of Helmholtz, numerous efforts have been made to explain chemical combination by the assumption that in the formation of a compound some of the electrons of one atom pass completely into another atom, and that the different charged parts of the molecule thus produced are held together by electrical forces. Such theories have, in my opinion, proved entirely inadequate except in the case of substances of the strongly polar type. This fact has been recognized by Thomson in his latest paper, in which he introduces an entirely different type of chemical combination in the case of the compounds which we have called nonpolar. However, according to the theory which I am now presenting, it is not necessary to consider the two extreme types of chemical combination, corresponding to the very polar and the very nonpolar compounds,

[1] Schlenk and Weickel, *Ber.*, 44, 1182 (1911).

[2] Wieland, *Ann.*, 381, 200 (1911); *Ber.*, 47, 2111 (1914).

as different in kind, but only as different in degree. This is due to the assumption of the interpenetrability of the atomic shells which is made in Postulate 4. Thus an electron may form a part of the shell of two different atoms and cannot be said to belong to either one exclusively. Hence in general it is impossible to say that one element in a compound has, during chemical change, been oxidized or reduced and that another element has not suffered such a change; but it is only as we approach substances of the completely polar type that such distinctions become less and less ambiguous. Since this question is one to which we shall frequently revert it need not be discussed further at this point.

Postulate 5 is based upon the fact that we do not find what might be called intra-atomic isomers. If the electrons of the atomic shell could at one time occupy one set of positions and at another time another set, and if there were no opportunity for ready transition from one of these sets of positions to another, we should have a large number of isomers differing from one another only in the situation of the electrons in the atomic shell. While there may possibly be a few cases where we might surmise the existence of just such isomers, in most cases it is evident that they do not exist, and we must assume, therefore, considerable freedom of change from one distribution of electrons in the shell to another.

Now there are only two ways in which one body can be held by another. It may, owing to a force of attraction, be drawn toward the second body until this force is gradually offset by a more rapidly increasing force of repulsion. In this case it comes to rest at a point where the net attraction or repulsion is zero, and is therefore in a condition of constraint with respect to any motion along the line joining the two centers; for if the distance between the two bodies is diminished they repel one another, while if the distance is increased they are attracted toward one another. An example of this type is a body attracted toward the earth but resting upon an elastic substance where the attractive force of gravity is offset by the repulsive force which we happen to call elastic; but it would be a mistake to consider the forces of elasticity to be different in character from other known forces. Indeed it is evident that just as we have the law of universal attraction between particles at great distances, so *at small distances* we have the equally universal *law of repulsion.*

The other way in which one body may hold another is that in which the planets are held by the sun, and this is the way that in some current theories of atomic structure the electrons are supposed to be held by the atom. Such an assumption seems inadequate to explain even the simplest chemical properties of the atom, and I imagine it has been introduced only for the sake of maintaining the laws of electromagnetics which are known to be valid at large distances. The fact is, however, that in the more prominent of these theories even this questionable advantage disappears, for the common laws of electricity are not preserved. The most interesting and suggestive of these theories is the one proposed by Bohr[1] and based upon Planck's quantum theory. Planck in his elementary oscillator which maintains its motion at the absolute zero, and Bohr in his electron moving in a fixed orbit, have invented systems containing electrons of which the motion produces no effect upon external charges. Now this is not only inconsistent with the accepted laws of electromagnetics but, I may add, is logically objectionable, for that state of motion which produces no physical effect whatsoever may better be called a state of rest.

Indeed it seems hardly likely that much progress can be made in the solution of the difficult problems relating to chemical combination by assigning in advance definite laws of force between the positive and negative constituents of an atom, and then on the basis of these laws building up mechanical models of the atom. We must first of all, from a study of chemical phenomena, learn the structure and the arrangement of the atoms, and if we find it necessary to alter the law of force acting between charged particles at small distances, even to the extent of changing the sign of that force, it will not be the first time in the history of science that an increase in the range of observational material has required a modification of generalizations based upon a smaller field of observation. Indeed in the present case, entirely aside from any chemical reasons, a study of the mathematical theory of the electron leads, I believe, irresistably to the conclusion that Coulomb's law of inverse squares must fail at small distances.

In this connection I wish to call attention to an extremely interesting paper by Mr. A. L. Parson[2] which has only just been published, but which I had an opportunity of looking over with the author over a year ago. The fundamental assumption of Parson's theory is that the electron is not merely an electric charge but is also a small magnet, or, in his terminology, a magneton. Assuming therefore the existence of magnetic as well as electric forces between the different parts of the atom, Parson

[1] I believe that there is one part of Bohr's theory for which the assumption of the orbital electron is not necessary, since it may be translated directly into the terms of the present theory. He explains the spectral series of hydrogen by assuming that an electron can move freely in any one of a series of orbits in which the velocities differ by steps, these steps being simply expressed in terms of ultimate units (in his theory Planck's h is such a unit), and that radiation occurs when the electron passes from one orbital velocity to the next. It seems to me far simpler to assume that an electron may be held in the atom in stable equilibrium in a series of different positions, each of which having definite constraints, corresponds to a definite frequency of the electron, the intervals between the constraints in successive positions being simply expressible in terms of ultimate rational units (see Lewis and Adams, *Phys. Rev.*, 3, 92 (1914)).

[2] A "Magneton Theory of the Structure of the Atom," *Smithsonian Publication* 2371, Washington, 1915.

was led entirely independently to the conclusion which I have stated above, namely that the most stable condition for the atomic shell is the one in which eight electrons are held at the corners of a cube. Not only in this but in a number of other important points the theory which I am presenting will be seen to coincide with that of Parson's paper. The results of the magnetic experiments with which he proposes to test the magneton theory will be of great interest. Meanwhile we may attempt to find, apart from any *a priori* consideration, just what atomic structure best explains known chemical facts.

There is one part of Parson's theory which agrees with my own former theory but which I now believe to be incorrect. The idea that argon is a system of concentric cubes (in Parson's theory cubes side by side), and that neon is a similar system with one less cube, led naturally to the assumption that helium is similarly constituted. But recent evidence from radioactive phenomena, and from Moseley's study of the X-ray spectrum, makes it seem almost certain that helium has a total not of eight but of either two or four electrons.[1] Assuming that helium is the only element between hydrogen and lithium and that it has two electrons, then it is evident from the inert character of helium, and from the resemblance of this element to the other inert gases, that here the pair of electrons plays the same role as the group of eight in the heavier atoms, and that in the row of the periodic table comprising hydrogen and helium we have in place of the rule of eight the rule of two. Therefore hydrogen not only has one electron in its outer shell, which may pass into the shell of another atom just as the electron of lithium or sodium may, but it is capable of taking up one electron to form the stable pair, just as fluorine or chlorine takes up one electron to form the stable group of eight. Hydrogen therefore must be regarded as the first member of the halogens as well as of the lithium group. According to this view lithium hydride is a salt[2] although perhaps less polar than lithium fluoride or chloride. Therefore in what follows we shall regard the acquisition of one additional electron by hydrogen as entirely analogous to the acquisition of enough electrons to form the group of eight in the case of other atoms.

Molecular Structure.

I shall now attempt to show how, by a single type of chemical com-

[1] Two, if hydrogen and helium are the only elements of lower atomic weight than lithium; four, if we assume with Rydberg that there are two rows in the periodic table, one containing hydrogen and proto-helium and one containing eka-hydrogen and helium. The above discussion will be the same on either of these assumptions, and although Rydberg's assumption has a very high degree of plausibility I have adopted for simplicity the more familiar one.

[2] In order to test this view experiments have been begun by Professor O. F. Stafford. These experiments have not progressed far but they at least indicate that fused lithium hydride is a good electrolyte.

bination, we may explain the widely varying phenomena of chemical change. With the original assumption of Helmholtz, which has been used by some authors under the name of the electron theory of valence, and according to which a given electron either does or does not pass completely from one atom to another, it is possible to give a very satisfactory explanation of compounds which are of distinctly polar type, but the method becomes less and less satisfactory as we approach the nonpolar type. Great as the difference is between the typical polar and nonpolar substances, we may show how a single molecule may, according to its environment, pass from the extreme polar to the extreme nonpolar form, not *per saltum*, but by imperceptible gradations, as soon as we admit that an electron may be the common property of two atomic shells.

Let us consider first the very polar compounds. Here we find elements with but few electrons in their shells tending to give up these electrons altogether to form positive ions, and elements which already possess a number of electrons tending to increase this number to form the group of eight. Thus Na^+ and Ca^{++} are kernels without a shell, while chloride ion, sulfide ion, nitride ion (as in fused nitrides) may each be represented by an atom having in the shell eight electrons at the corners of a cube.

As an introduction to the study of substances of slightly polar type we may consider the halogens. In Fig. 3 I have attempted to show the

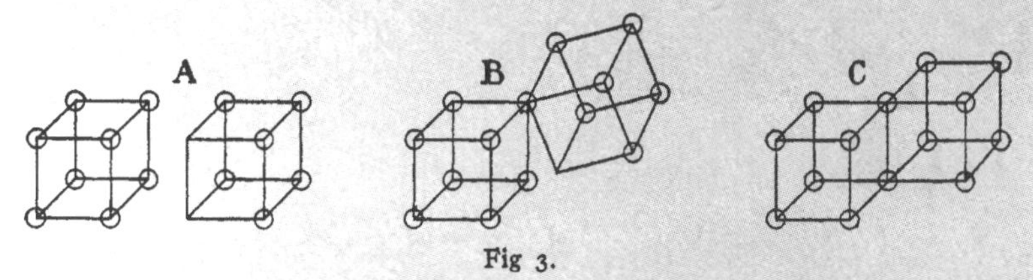

Fig 3.

different forms of the iodine molecule I_2. *A* represents the molecule as completely ionized, as it undoubtedly is to a measurable extent in liquid iodine.[1] Without ionization we may still have one of the electrons of one atom fitting into the outer shell of the second atom, thus completing its group of eight as in *B*. But at the same time an electron of the second atom may fit into the shell of the first, thus satisfying both groups of eight and giving the form *C* which is the predominant and characteristic structure of the halogens. Now, notwithstanding the symmetry of the form *C*, if the two atoms are for any reason tending to separate, the two common electrons may cling more firmly sometimes to one of the atoms, sometimes to the other, thus producing some dissymmetry in the molecule as a whole, and one atom will have a slight excess of positive charge, the other of negative. This separation of the charges and the conse-

[1] See Lewis and Wheeler, *Loc. cit.*

quent increase in the polar character of the molecule will increase as the atoms become separated to a greater distance until complete ionization results.[1] Thus between the perfectly symmetrical and nonpolar molecule *C* and the completely polar and ionized molecule represented by *A* there will be an infinity of positions representing a greater or lesser degree of polarity. Now in a substance like liquid iodine it must not be assumed that all of the molecules are in the same state, but rather that some are highly polar, some almost nonpolar, and others represent all gradations between the two. When we find that iodine in different environments shows different degrees of polarity, it means merely that in one medium there is a larger percentage of the more polar forms. So bromine, although represented by an entirely similar formula, is less polar than iodine. In other words, in the average molecule the separation of the charge is less than in the case of iodine. Chlorine and fluorine are less polar than either and can be regarded as composed almost completely of molecules of the form *C*.

I wish to emphasize once more the meaning that must be ascribed to the term tautomerism. In the simplest case where we deal with a single tautomeric change we speak of the two tautomers and sometimes write definite formulae to express the two. But we must not assume that all of the molecules of the substance possess either one structure or the other, but rather that these forms represent the two limiting types, and that the individual molecules range all the way from one limit to the other. In certain cases where the majority of molecules lie very near to one limit or to the other, it is very convenient and desirable to attempt to express the percentage of the molecules belonging to the one or to the other tautomeric form; but in a case where the majority of molecules lie in the intermediate range and relatively few in the immediate neighborhood of the two limiting forms, such a calculation loses most of its significance.

With the halogens it is a matter of chance as to which of the atoms acquires a positive and which a negative charge, but in the case of a binary compound composed of different elements the atoms of one element will be positive in most, though not necessarily all, of the molecules. Thus in Br_2 the bromine atom is as often positive as negative, but in BrCl it will be usually positive and in IBr usually negative, although in all these substances which are not very polar the separation of charges in the molecule will be slight, whereas in the metallic halides the separation is nearly complete and the halogen atoms acquire almost complete possession of the electrons.

In order to express this idea of chemical union in symbols I would sug-

[1] When the separation occurs in a nonpolar environment the atoms may separate in such a way that each retains one of the two common electrons, as in the thermal dissociation of iodine gas.

gest the use of a colon, or two dots arranged in some other manner, to represent the two electrons which act as the connecting links between the two atoms. Thus we may write Cl_2 as Cl : Cl. If in certain cases we wish to show that one atom in the molecule is on the average negatively charged we may bring the colon nearer to the negative element. Thus we may write Na :I, and I :Cl. Different spacings to represent different degrees of polarity can of course be more freely employed at a blackboard than in type.

It will be noted that, since in the hydrogen-helium row we have the rule of two in the place of the rule of eight, the insertion of one electron into the shell of the hydrogen atom is entirely analogous to the completion of the cube in the case of the halogens. Thus we may consider ordinary hydrogen as a hydride of positive hydrogen in the same sense that chlorine may be regarded as a chloride of positive chlorine. But H_2 is far less polar even than Cl_2. The three main types of hydrogen compounds may be represented therefore by H :Cl, H :H, and Na :H.

We may go further and give a complete formula for each compound by using the symbol of the kernel instead of the ordinary atomic symbol and by adjoining to each symbol a number of dots corresponding to the number of electrons in the atomic shell. Thus we may write **H : H**, $\mathrm{H:\overset{..}{\underset{..}{O}}:H}$, $\mathrm{H:\overset{..}{\underset{..}{I}}:}$, $\mathrm{:\overset{..}{\underset{..}{I}}:\overset{..}{\underset{..}{I}}:}$, but we shall see that in many cases such a formula represents only one of the numerous extreme tautomeric forms. For the sake of simplicity we may also use occasionally formulae which show only those electrons concerned in the union of two atoms, as in the preceding paragraphs.

It is evident that the type of union which we have so far pictured, although it involves two electrons held in common by two atoms, nevertheless corresponds to the single bond as it is commonly used in graphical formulae. In order to illustrate this point further we may discuss a problem which has proved extremely embarrassing to a number of theories of valence. I refer to the structure of ammonia and of ammonium ion. Ammonium ion may of course, on account of the extremely polar character of ammonia and hydrogen ion, be regarded as a loose complex due to the electrical attraction of the two polar molecules. However, as we consider the effect of substituting hydrogen by organic groups we pass gradually into a field where we may be perfectly certain that four groups are attached directly to the nitrogen atom, and these groups are held with sufficient firmness so that numerous stereochemical isomers have been obtained. The solution of this problem in terms of the theory here presented is extremely simple and satisfactory, and it will be sufficient to write an equation in terms of the new symbols in order to make the explanation obvious. Thus for $NH_3 + H^+ = NH_4^+$ we write

$$\begin{array}{c} \mathbf{H} \\ \cdot\cdot \\ \mathbf{H:N:} \\ \cdot\cdot \\ \mathbf{H} \end{array} + \mathbf{H} = \begin{array}{c} \mathbf{H} \\ \cdot\cdot \\ \mathbf{H:N:H.} \\ \cdot\cdot \\ \mathbf{H} \end{array}$$

When ammonium ion combines with chloride ion the latter is not attached directly to the nitrogen but is held simply through electric forces by the ammonium ion.

While the two dots of our formulae correspond to the line which has been used to represent the single bond, we are led through their use to certain formulae of great significance which I presume would not occur to anyone using the ordinary symbols. Thus it has been generally assumed that what is known as a bivalent element must be tied by two bonds to another element or elements, or remain with an "unsaturated valence." On the other hand, we may now write formulae in which an atom of oxygen is tied by only one pair of electrons to another atom and yet have every element in the compound completely saturated. To illustrate this important point we may write the formula of perchlorate, sulfate, orthophosphate and orthosilicate ions, in which each atom has a complete shell of eight electrons. Thus

$$\begin{array}{c} \cdot\cdot \\ :\mathrm{O}: \\ \cdot\cdot \quad \cdot\cdot \quad \cdot\cdot \\ :\mathrm{O}:\mathbf{X}:\mathrm{O}: \\ \cdot\cdot \quad \cdot\cdot \quad \cdot\cdot \\ :\mathrm{O}: \\ \cdot\cdot \end{array}$$

represents all of these ions. If **X** is **Cl** the ion has one negative charge; if **S** it has two negative charges, and so on. The union of sulfur trioxide to oxide ion to form sulfate ion is similar to the addition of ammonia and hydrogen ion to form ammonium ion. The acids or acid ions are produced from the above ion by adding hydrogen ion, or **H**, to the oxygen atoms.

We may next consider the *double bond* in which four electrons are held conjointly by two atoms. Thus Fig. 4, *A*, may represent the typical structure of the molecule of oxygen. A characteristic feature of the double bond is its tendency to "break." When this happens in a symmetrical way, as it will, except in a highly polar environment, it leaves the two atoms concerned in the *odd* state, each with an unpaired electron in the shell. In so far as a substance with a double bond assumes this other tautomeric form, it will show all the properties of the substances with odd molecules. Thus Fig. 4, *B*, represents this tautomeric form of the oxygen molecule; the equilibrium between forms *A* and *B* is entirely analogous to the equilibrium between N_2O_4 and NO_2. At low temperatures almost every known case of combination with oxygen gives first a peroxide. This shows that oxygen exists to an appreciable degree in a form which approximates to the form *B*, in which it can add directly to

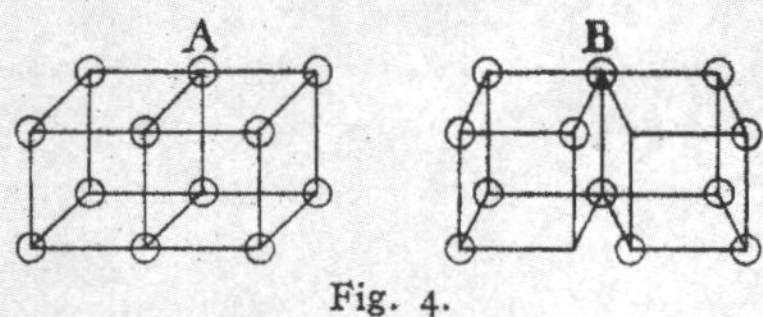

Fig. 4.

other atoms precisely as ethylene forms addition compounds. These two forms of oxygen (which, of course, may merge into one another by continuous gradations) can be represented as $:\ddot{O}::\ddot{O}:$ and $:\underset{\cdot}{\ddot{O}}:\underset{\cdot}{\ddot{O}}:$, and the two forms of ethylene[1] as $H:\overset{\overset{H}{\cdot\cdot}}{C}::\overset{\overset{H}{\cdot\cdot}}{C}:H$ and $H:\underset{\cdot}{\overset{\overset{H}{\cdot\cdot}}{C}}:\underset{\cdot}{\overset{\overset{H}{\cdot\cdot}}{C}}:H$.

The instability of multiple bonds and the underlying principle of Baeyer's Strain Theory we shall discuss presently, but before proceeding further in this direction it is important to consider the general relation between the strength of the constraints which hold a molecule together and the stability of the molecule. The term "stability" is used in two very different senses, according as we think of the tendency of a reaction to occur, or the speed of that reaction. We speak of nitric oxide as an extremely stable substance although it is thermodynamically unstable, and the free energy involved in its decomposition is enormous, but it is so inert that it suffers no appreciable change. A high degree of inertness means ordinarily very rigid constraints operating within the molecule, but these powerful forces may operate only over a very small distance so that the *work* done in overcoming them may be very small. To illustrate this point let us consider a piece of iron suspended by a magnet. It is drawn downwards by the force of gravity and upwards by the magnetic field, and while the net amount of work obtained by separating it from the magnet and allowing it to fall to earth may be positive, it nevertheless will not fall of itself, but can only be drawn from the magnet by a force far greater than that of gravitation. So in the case of the molecule, thermodynamic stability is closely associated with the *work* of breaking some bond, but the inertness of the molecule depends upon the *force* required to break that bond.

Before considering triple bonds, for which the cubical structure offers no simple representation, I wish to discuss some ideas in the recent development of which I am greatly indebted to suggestions made by Dr. L. Rosenstein, Dr. E. Q. Adams and Mr. F. R. von Bichowsky, as well as to the work of Mr. A. L. Parson, to which I have already referred. In my early theory the cube was the fundamental structure of all atomic shells. We have seen, however, in the case of elements with lower atomic weights than lithium, that the *pair* of electrons forms the stable group, and we may question whether in general the pair rather than the group of eight should not be regarded as the fundamental unit. Perhaps the chief reasons for assuming the cubical structure were that this is the most symmetrical arrangement of eight electrons, and is the one in which the

[1] I shall postpone a discussion of the important bearing of such formulae upon the problem of the conjugate double bond.

electrons are farthest apart. Indeed it seems inherently probable that in elements of large atomic shell (large atomic volume) the electrons are sufficiently far from one another so that Coulomb's law of inverse squares is approximately valid, and in such cases it would seem probable that the mutual repulsion of the eight electrons would force them into the cubical structure.

However, this is precisely the kind of *a priori* reasoning which we have decided not to employ in this paper, and when we consider only known chemical phenomena, and their best interpretation in terms of atomic structure, we are led to assume a somewhat different arrangement of the group of eight electrons, at least in the case of the more nonpolar substances whose molecules are as a rule composed of atoms of small atomic volume.

The nature of this arrangement is shown in Fig. 5. The cube representing the electron structure that we have hitherto assumed for the carbon atom is joined to four other atoms, which are not shown in the figure, but which are attached to the carbon atom each by a pair of electrons. These pairs are indicated by being joined by heavy lines. Assuming now, at least in such very small atoms as that of carbon, that each pair of electrons has a tendency to be drawn together, perhaps by magnetic force if the magneton theory is correct, or perhaps by other forces which become appreciable at small distances, to occupy positions indicated by the dotted circles, we then have a model which is admirably suited to portray all of the characteristics of the carbon atom. With the cubical structure it is not only impossible to represent the triple bond, but also to explain the phenomenon of free mobility about a single bond which must always be assumed in stereochemistry. On the other hand, the group of eight electrons in which the *pairs* are symmetrically placed about the center gives identically the model of the tetrahedral carbon atom which has been of such signal utility throughout the whole of organic chemistry.

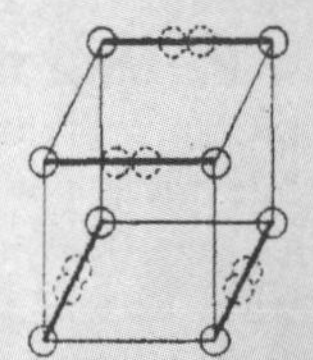

Fig. 5.

As usual, two tetrahedra, attached by one, two or three corners of each, represent respectively the single, the double and the triple bond. In the first case one pair of electrons is held in common by the two atoms, in the second case two such pairs, in the third case three pairs.

The triple bond represents the highest possible degree of union between two atoms. Like a double bond it may break one bond, producing two *odd* carbon atoms, but it may also break in a way in which the double bond cannot, to leave a single bond and two carbon atoms (bivalent), each of which has a pair of electrons which is not bound to any other atom. The three tautomeric forms may be represented in the case of acetylene by $\mathbf{H:C:::C:H}$, $\mathbf{H:\dot{C}::\dot{C}:H}$, and $\mathbf{H:\ddot{C}:\ddot{C}:H}$. In addition we have a form corresponding to Nef's acetylidene and such forms as may exist in highly polar media, such as the acetylide ion $\mathbf{:C:::C:H}$.

The instability of multiple bonds, as well as the general phenomenon of ring formation in organic compounds is admirably interpreted by the Strain Theory of Baeyer. This theory may, however, be put into a far more general form if we make the simple assumption that *all atomic kernels repel one another*, and that molecules are held together only by the pairs of electrons which are held jointly by the component atoms. Thus two carbon atoms with a single bond strive to keep their kernels as far apart as possible, and this condition is met when the adjoining corners of the two tetrahedra lie in the line joining the centers of the tetrahedra. This is an essential element of Baeyer's theory of ring formation. When a single bond changes to a multiple bond and the two atomic shells have two pairs of electrons in common, the kernels are forced nearer together and the mutual repulsion of these kernels greatly weakens the constraints at the points of junction. This diminution in constraint therefore produces a remarkable effect in increasing the mobility of the electrons. In any part of a carbon chain where a number of consecutive atoms are doubly bound there is in that whole portion of the molecule an extraordinary reactivity and freedom of rearrangement. This freedom usually terminates at that point in the chain where an atom has only single bonds and in which therefore the electrons are held by more rigid constraints, although it must be observed that an increased mobility of electrons (and therefore increased polarity) in one part of the molecule always produces some increase in mobility in the neighboring parts.

Let us turn now to a problem in the solution of which the theory which I am presenting shows its greatest serviceability. The electrochemical theories of Davy and Berzelius were overshadowed by the "valence" theory when the attention of chemists was largely drawn to the nonpolar substances of organic chemistry. Of late the electrochemical theories have come once more into prominence, but there has always been that antagonism between the two views which invariably results when two rival theories are mutually exclusive, while both contain certain elements of truth. Indeed we may now see that with the interpretation which we are now employing the two theories need not be mutually exclusive, but rather complement one another, for the "valence" theory, which is the classical basis of structural organic chemistry, deals with the fundamental structure of the molecule, while electrochemical considerations show the influence of positive and negative groups in minor distortions of the fundamental form. Let us consider once for all that by a negative element or radical we mean one which tends to draw towards itself the electron pairs which constitute the outer shells of all neighboring atoms, and that an electropositive group is one that attracts to a less extent, or repels, these electrons. In the majority of carbon compounds there is very little of that separation of the charges which gives a compound a polar character, although certain groups, such as hydroxyl, as well as those containing multiple bonds, not only themselves possess a decidedly polar character, but increase, according to principles already discussed, the polar character of all neighboring parts of the molecule. However, in such molecules as methane and carbon tetrachloride, instead of assuming, as in some current theory, that four electrons have definitely left hydrogen for carbon in the first case, and carbon for chlorine in the second, we shall consider that in methane there is a slight movement of the charges toward the carbon so that the carbon is slightly charged negatively, and that in carbon tetrachloride they are slightly shifted towards the chlorine, leaving the carbon somewhat positive. We must remember that here also we are dealing with averages and that in a few out of many molecules of methane the hydrogen may be negatively charged and the carbon positively.

In a substance like water the electrons are drawn in from hydrogen to oxygen and we have in the limiting case a certain number of hydrogen atoms which are completely separated as hydrogen ion. The amount of separation of one of the hydrogen atoms, and therefore the degree of ionization, will change very greatly when the other hydrogen atom is substituted by a positive or negative group. As a familiar example we may consider acetic acid, in which one hydrogen is replaced by chlorine, $H_2ClCCOOH$. The electrons, being drawn towards the chlorine, permit the pair of electrons joining the methyl and carboxyl groups to approach nearer to the methyl carbon. This pair of electrons, exercising therefore a smaller repulsion upon the other electrons of the hydroxyl oxygen, permit these also to shift in the same direction. In other words, all the electrons move toward the left, producing a greater separation of the electrons from the hydrogen of the hydroxyl, and thus a stronger acid. This simple explanation is applicable to a vast number of individual cases. It need only be borne in mind that although the effect of such a displacement of electrons at one end of a chain proceeds throughout the whole chain, it becomes less marked the greater the distance,[1] and the more rigid the constraints which hold the electrons in the intervening atoms.

This brief account of the theory of atomic and molecular structure could be extended almost indefinitely by illustrations of its application to numerous types of compounds, but I believe enough has been said to show how,

[1] The distance to be considered is the *actual* distance. Thus when a chain of five or six links assumes a ring-like form, the two ends have a great influence upon each other, as has been pointed out by Michael in numerous cases.

through simple hypotheses, we may explain the most diverse types of chemical union and how we may construct models which illustrate the continuous transition between the most polar and the most nonpolar of substances. I shall therefore conclude this paper with a brief discussion of a phenomenon which bears closely upon the ideas which have been presented here.

The Color of Chemical Compounds.

When a particle is held in position by definite constraints, it is capable of vibrating with a definite frequency, and this frequency is determined solely by the magnitude of the constraints[1] and by the mass of the particle. When such a particle is electrically charged and subjected to the alternating electromagnetic forces which constitute a beam of light, and when the frequency of the light is near to the characteristic frequency of the particle, the latter is set to vibrating and through frictional processes the energy of the light is absorbed.

The two kinds of charged particles which exist in chemical substances are charged atoms and electrons. The former, on account of their relatively large mass, have low characteristic frequencies which are, as far as I am aware, always far below the frequencies of visible light and therefore cause absorption only in the ultrared spectrum. The electrons, on the other hand, because of their small mass and the rigid constraints by which they are ordinarily bound, usually have frequencies higher than those of visible light and therefore absorb light only in the ultraviolet. The majority of substances therefore show no special absorption of visible light and are therefore colorless.

When, however, either by a change in the constitution of the molecule or through a change in the environment, the constraints acting upon an electron become weaker, the frequency of that electron becomes less. It may then begin to absorb visible light of the highest frequency, namely the violet and blue, and the transmitted light is therefore yellow. Whenever a colorless substance becomes colored through slight changes by substitution of somewhat different groups within the molecule, or by gradual change in the environment, the substance is always *yellow*. But if the changes are made more pronounced and the characteristic frequency of the electron or electrons concerned is still further lowered, so that the maximum of absorption is in some other part of the visible spectrum, different colors will be produced, and ultimately when the electron is nearly freed from constraint, as in the case of an alkali metal dissolved in liquid ammonia, the maximum of absorption is in the ultra-red and red, and a blue color results.

[1] If the constraints are not uniform in all directions there will in general be three fundamental frequencies corresponding to the three axes of constraint, along which the constraints are respectively at a maximum, at a minimum and at a minimax.

Now colored substances are the very ones in which, according to our theory, the electrons are least firmly held. Thus such substances as nitrogen dioxide and sodium vapor, which contain an uneven number of electrons and which therefore hold one of the electrons very loosely, are colored. If, however, sodium combines with chlorine the electron becomes firmly held by the latter element and when nitrogen dioxide combines even with itself to form N_2O_4 the electron is again firmly held and the color disappears. Indeed, with the exception of NO, every one of the substances with odd molecules which we have listed is colored. The tri-aryl methyls show a remarkable analogy to NO_2. In nonpolar media they show an increase of color when the conditions so change as to increase the amount of the monomolecular or odd molecules. Thus the color is increased by rising temperature or by increasing dilution, but the color of these substances in a polar environment is due to another cause, the discussion of which would lead us into the whole question of the triphenyl methane dyes.

Turning now to substances containing an even number of electrons, we see in the case of the halogens how the intensity and character of the color vary with the polar character. Thus the electrons which are concerned in the union of the two atoms of iodine are held by weaker constraints than in the case of bromine, and so on through the group. The electrons in fluorine, being most firmly held, absorb only the extreme violet end of the visible spectrum.

In general, color and a high degree of polarity go hand in hand, as is abundantly shown in the great class of organic dyes. Both of these phenomena are due to the same cause, namely the weakness of the constraints acting upon one or more electrons.

It has frequently been noticed that there is a striking parallelism between color and the possibility of tautomeric change, and it has been assumed by some that color is in some way due to an alternation between two extreme tautomeric forms. But this is not precisely the case. When electrons are sufficiently free to produce absorption in the visible spectrum, that part of the molecule in which they are will always be highly polar and reactive, and there will be opportunity for free transition from one limiting form to another. Thus if a tautomeric process consists chiefly in the movement of electrons, there will be electrons in some molecules which are hung by loose constraints between the two extreme forms, and these are the electrons which will have a sufficiently low characteristic frequency to produce color.

In the class of elements which have not been considered in the present paper many are found, such as manganese and cobalt, which give a great variety of colored compounds. The difficulty in interpreting the compounds of these elements in terms of the present theory lies, I believe, in the fact that the kernel of the atom is not uniquely and permanently defined. It seems probable that in these elements there is a possibility of the transfer of electrons either from one part of the kernel to another, or between the kernel and the outer shell, or possibly between two separate outer shells of the same atom, and that electrons which are suspended midway between two such stages are responsible for the absorption of light in these cases.

BERKELEY, CAL.

[CONTRIBUTION FROM THE CHEMICAL LABORATORY OF THE UNIVERSITY OF CALIFORNIA.]

A STUDY OF THE ACTION OF ALKALI ON CERTAIN ZINC SALTS BY MEANS OF THE HYDROGEN ELECTRODE.

BY JOEL H. HILDEBRAND AND W. G. BOWERS.

Received January 24, 1916.

The reaction that occurs when zinc hydroxide is dissolved in a strong alkali has been the subject of considerable investigation. Carrara[1] has stated that the alkaline solution contains salts of the type Na_2ZnO_2, making the hydroxide a dibasic acid. Förster and Günther[2] have obtained the solid compound $NaHZnO_2.3H_2O$, and Comey and Jackson[3] a solid compound having the formula $Na_2Zn_3O_5.18H_2O$. We may mention also the solid alkaline earth zincates of the type $Ca(HZnO_2)_2$ reported by Bertrand.[4] A number of investigators have endeavored to distinguish between the formulas ZnO_2^{--} and $HZnO_2^-$ for the zincate ion. Perhaps the most reliable work is that of Hantzsch,[5] who concludes that the zinc hydroxide is dissolved mainly as a colloid, but also to a slight extent as $HZnO_2^-$.

Most of the text-books on general chemistry state that the reaction for the solution of zinc hydroxide in alkali is given by the equation (here written in the ionic form)

$$H_2ZnO_2 + 2OH^- = 2H_2O + ZnO_2^{--},$$

in spite of the fact that the reaction represented by

$$H_2ZnO_2 + OH^- = H_2O + HZnO_2^-$$

is in much better accord with the evidence, and also with the usual behavior of weak polybasic acids. We find almost invariably that a second hydrogen atom ionizes much less readily than the first, as seen by the ease with which it is possible to prepare acid salts of such acids. It would be very strange, therefore, if the first main product of the neutralization of zinc hydroxide with sodium hydroxide were a solution of Na_2ZnO_2.

[1] *Gazz. chim. ital.*, 30, II, 35 (1900).
[2] *Z. Elektrochem.*, 6, 302 (1899).
[3] *Am. Chem. J.*, 11, 145 (1889).
[4] *Compt. rend.*, 115, 939, 1028 (1892).
[5] *Z. anorg. Chem.*, 30, 289 (1902).

[CONTRIBUTION FROM GATES CHEMICAL LABORATORY, CALIFORNIA INSTITUTE OF TECHNOLOGY, No. 280]

THE NATURE OF THE CHEMICAL BOND. APPLICATION OF RESULTS OBTAINED FROM THE QUANTUM MECHANICS AND FROM A THEORY OF PARAMAGNETIC SUSCEPTIBILITY TO THE STRUCTURE OF MOLECULES

BY LINUS PAULING

RECEIVED FEBRUARY 17, 1931 PUBLISHED APRIL 6, 1931

During the last four years the problem of the nature of the chemical bond has been attacked by theoretical physicists, especially Heitler and London, by the application of the quantum mechanics. This work has led to an approximate theoretical calculation of the energy of formation and of other properties of very simple molecules, such as H_2, and has also provided a formal justification of the rules set up in 1916 by G. N. Lewis for his electron-pair bond. In the following paper it will be shown that many more results of chemical significance can be obtained from the quantum mechanical equations, permitting the formulation of an extensive and powerful set of rules for the electron-pair bond supplementing those of Lewis. These rules provide information regarding the relative strengths of bonds formed by different atoms, the angles between bonds, free rotation or lack of free rotation about bond axes, the relation between the quantum numbers of bonding electrons and the number and spatial arrangement of the bonds, etc. A complete theory of the magnetic moments of molecules and complex ions is also developed, and it is shown that for many compounds involving elements of the transition groups this theory together with the rules for electron-pair bonds leads to a unique assignment of electron structures as well as a definite determination of the type of bonds involved.[1]

I. The Electron-Pair Bond

The Interaction of Simple Atoms.—The discussion of the wave equation for the hydrogen molecule by Heitler and London,[2] Sugiura,[3] and Wang[4] showed that two normal hydrogen atoms can interact in either of two ways, one of which gives rise to repulsion with no molecule formation, the other

[1] A preliminary announcement of some of these results was made three years ago [Linus Pauling, *Proc. Nat. Acad. Sci.*, **14**, 359 (1928)]. Two of the results (90° bond angles for *p* eigenfunctions, and the existence, but not the stability, of tetrahedral eigenfunctions) have been independently discovered by Professor J. C. Slater and announced at meetings of the National Academy of Sciences (Washington, April, 1930) and the American Physical Society (Cleveland, December, 1930).

[2] W. Heitler and F. London, *Z. Physik*, **44**, 455 (1927).

[3] Y. Sugiura, *ibid.*, **45**, 484 (1927).

[4] S. C. Wang, *Phys. Rev.*, **31**, 579 (1928).

to attraction and the formation of a stable molecule. These two modes of interaction result from the identity of the two electrons. The characteristic resonance phenomenon of the quantum mechanics, which produces the stable bond in the hydrogen molecule, always occurs with two electrons, for even though the nuclei to which they are attached are different, the energy of the unperturbed system with one electron on one nucleus and the other on the other nucleus is the same as with the electrons interchanged. Hence we may expect to find electron-pair bonds turning up often.

But the interaction of atoms with more than one electron does not always lead to molecule formation. A normal helium atom and a normal hydrogen atom interact in only one way,[5] giving repulsion only, and two normal helium atoms repel each other except at large distances, where there is very weak attraction.[5,6] Two lithium atoms, on the other hand, can interact in two ways,[7] giving a repulsive potential and an attractive potential, the latter corresponding to formation of a stable molecule. In these cases it is seen that only when each of the two atoms initially possesses an unpaired electron is a stable molecule formed. The general conclusion that an electron-pair bond is formed by the interaction of an unpaired electron on each of two atoms has been obtained formally by Heitler[8] and London,[9] with the use of certain assumptions regarding the signs of integrals occurring in the theory. The energy of the bond is largely the resonance or interchange energy of two electrons. This energy depends mainly on electrostatic forces between electrons and nuclei, and is not due to magnetic interactions, although the electron spins determine whether attractive or repulsive potentials, or both, will occur.

Properties of the Electron-Pair Bond.—From the foregoing discussion we infer the following properties of the electron-pair bond.

1. *The electron-pair bond is formed through the interaction of an unpaired electron on each of two atoms.*

2. *The spins of the electrons are opposed when the bond is formed, so that they cannot contribute to the paramagnetic susceptibility of the substance.*

3. *Two electrons which form a shared pair cannot take part in forming additional pairs.*

In addition we postulate the following three rules, which are justified by the qualitative consideration of the factors influencing bond energies. An outline of the derivation of the rules from the wave equation is given below.

[5] G. Gentile, *Z. Physik.*, **63**, 795 (1930).

[6] J. C. Slater, *Phys. Rev.*, **32**, 349 (1927).

[7] M. Delbrück, *Ann. Physik*, **5**, 36 (1930).

[8] W. Heitler, *Z. Physik*, **46**, 47 (1927); **47**, 835 (1928); *Physik. Z.*, **31**, 185 (1930), etc.

[9] F. London, *Z. Physik*, **46**, 455 (1928); **50**, 24 (1928); "Sommerfeld Festschrift," p. 104; etc.

4. *The main resonance terms for a single electron-pair bond are those involving only one eigenfunction from each atom.*

5. *Of two eigenfunctions with the same dependence on r, the one with the larger value in the bond direction will give rise to the stronger bond, and for a given eigenfunction the bond will tend to be formed in the direction with the largest value of the eigenfunction.*

6. *Of two eigenfunctions with the same dependence on θ and φ, the one with the smaller mean value of r, that is, the one corresponding to the lower energy level for the atom, will give rise to the stronger bond.*

Here the eigenfunctions referred to are those for an electron in an atom, and r, θ and φ are polar coördinates of the electron, the nucleus being at the origin of the coördinate system.

It is not proposed to develop a complete proof of the above rules at this place, for even the formal justification of the electron-pair bond in the simplest cases (diatomic molecule, say) requires a formidable array of symbols and equations. The following sketch outlines the construction of an inclusive proof.

It can be shown[10] that if Ψ is an arbitrary function of the independent variables in a wave equation

$$(H - W)\psi = 0$$

then the integral

$$E = \int \Psi^* H \Psi d\tau$$

called the variation integral, is always larger than W_0, the lowest energy level for the system. A function Ψ containing several parameters provides the best approximation to the eigenfunction ψ_0 for the normal state of the system when the variational integral is minimized with respect to these parameters. Now let us consider two atoms A and B connected by an electron-pair bond, and for simplicity let all the other electrons in the system be paired, the pairs being either lone pairs or pairs shared between A or B and other atoms. Let us assume that there are available for bond formation by atom A several single-electron eigenfunctions of approximately the same energy, and that the change in energy of penetration into the core is negligible compared with bond energy. Then we may take as single-electron eigenfunctions

$$\psi_{Ai} = \Sigma_k a_{ik} \psi^0_{Ak}$$

in which the a_{ik}'s are numerical coefficients and the ψ^0_{Ak}'s are an arbitrary set of single-electron eigenfunctions, such as those obtained on separating the wave equation in polar coördinates. From the ψ_{Ai}'s there is built up a group composed of atom A and the atoms to which it is bonded except atom B, such that all electrons are paired except one, corresponding to the eigenfunction ψ_{Ai}, say. From atom B a similar group with one unpaired electron is built. The interaction energy of these two groups can then be calculated with the aid of the variational equation through the substitution of an eigenfunction for the molecule built of those for the two groups in such a way that it has the correct symmetry character. The construction of this eingenfunction and evaluation of the integral would be very laborious; it will be noticed, however, that this problem is formally similar to Born's treatment[11] of the interaction of two atoms in S states, based on Slater's treatment of atomic eigenfunctions, and the value of E is found to be

$$E = W_A + W_B + J_E + J_X - \Sigma_Y J_Y - 2\Sigma_Z J_Z$$

[10] A clear discussion is given by C. Eckart, *Phys. Rev.*, **36**, 878 (1930).

[11] M. Born, *Z. Physik*, **64**, 729 (1930).

Here W_A and W_B are the energies of the separate groups, and J_E represents the Coulomb interaction of A and B, neglecting resonance. The resonance term J_X corresponds to a permutation of the two AB bond electrons; J_Y corresponds to a permutation of the AB bond electron on B with a paired electron with similarly directed spin on A, or *vice versa;* and J_Z corresponds to a permutation of a paired electron on A with one on B. (For explicit expressions for these see Born.[11]) The resonance integrals J_X, J_Y and J_Z have been found to have negative signs in the case of simple molecules for which calculations have been made, and it is probable that these signs obtain in most cases. The resonance integrals depend qualitatively on what may be called the *overlapping* of the single-electron eigenfunctions involved; if ψ_A and ψ_B are two single-electron eigenfunctions, the product $\psi_A(1)\ \psi_B(2)\ \psi_A^*(2)\ \psi_B^*(1)$ occurs in the resonance integral corresponding to the permutation involving electrons 1 and 2, and the value of the integral increases as the magnitude of this product in the region between the two nuclei increases.

Now we vary the coefficients a_{ik} in such a way as to minimize E. W_A and W_B are not affected by this variation, and J_E is not changed in case that there is one electron for every eigenfunction in a subgroup on A, and is changed relatively slightly otherwise. The resonance integrals are, however, strongly affected by changing the coefficients. The positive sign preceding J_X requires that the two bond eigenfunctions ψ_A and ψ_B show the maximum overlapping in the region between the two nuclei, while the negative sign preceding J_Y requires the minimum overlapping between ψ_A and the eigenfunctions of B other than ψ_B, and between ψ_B and the eigenfunctions of A other than ψ_A. Hence the correct zeroth-order eigenfunctions for the atom A are such that one, the AB bond eigenfunction ψ_A, extends largely in the direction of atom B, while the other A eigenfunctions avoid overlapping with ψ_B. As a consequence the integral J_X is of large magnitude, while the integrals J_Y, because of the small overlapping of the eigenfunctions involved, are small.

An extension of this argument shows that the phenomenon of *concentration of the bond eigenfunctions* further increases the magnitude of J_X and decreases J_Y. The non-orthogonality of the bond eigenfunctions as well as certain second-order perturbations leads to a shrinkage of the region in which the bond eigenfunctions have appreciable values. This is strikingly shown by a comparison of H_2^+ and H; the volume within which the electron probability function $\psi\psi^*$ for H_2^+ is greater than one-tenth of its maximum value is found from Burrau's calculations to be 0.67 Å.[3], *less than 10% of its value 8.6 Å.*[3] *for a hydrogen atom.*[12] This concentration of the bond eigenfunctions greatly increases their interaction with one another, and decreases their interaction with other eigenfunctions, a fact expressed in Rule 4. For double or triple bonds interactions among all four or six eigenfunctions must be considered.

s and p Eigenfunctions. Compounds of Normal Atoms.—As a rule s and p eigenfunctions with the same total quantum number in an atom do not differ very much in their mean values of r (the s levels lie lower because of greater penetration of inner shells), so that Rule 6 would not lead us to expect them to differ in bond-forming power. But their dependence on θ and φ is widely different. Putting

$$\begin{aligned} \Psi_{n0}(r,\theta,\varphi) &= R_{n0}(r)\cdot s(\theta,\varphi) && \text{for } s \text{ eigenfunctions} \\ \Psi_{n1}(r,\theta,\varphi) &= R_{n1}(r)\cdot \left.\begin{array}{l} p_x(\theta,\varphi) \\ p_y(\theta,\varphi) \\ p_z(\theta,\varphi) \end{array}\right\} && \text{for } p \text{ eigenfunctions} \end{aligned} \qquad (1)$$

[12] Compare Fig. 6 with Fig. 7, which is drawn to half the scale of Fig. 6, of Linus Pauling, *Chem. Rev.*, 5, 173 (1928).

the parts s, p_x, p_y, p_z of the eigenfunctions depending on θ and φ, normalized to 4π, are

$$\left.\begin{aligned} s &= 1 \\ p_x &= \sqrt{3}\sin\theta\cos\varphi \\ p_y &= \sqrt{3}\sin\theta\sin\varphi \\ p_z &= \sqrt{3}\cos\theta \end{aligned}\right\} \qquad (2)$$

Absolute values of s and p_x are represented in the xz plane in Figs. 1 and 2. s is spherically symmetrical, with the value 1 in all directions. $|p_x|$ consists of two spheres as shown (the x axis is an infinite symmetry axis), with the maximum value $\sqrt{3}$ along the x axis. $|p_y|$ and $|p_z|$ are similar, with maximum values of $\sqrt{3}$ along the y and z axis, respectively. From Rule 5 we conclude that *p electrons will form stronger bonds than s electrons,* and that *the bonds formed by p electrons in an atom tend to be oriented at right angles to one another.*

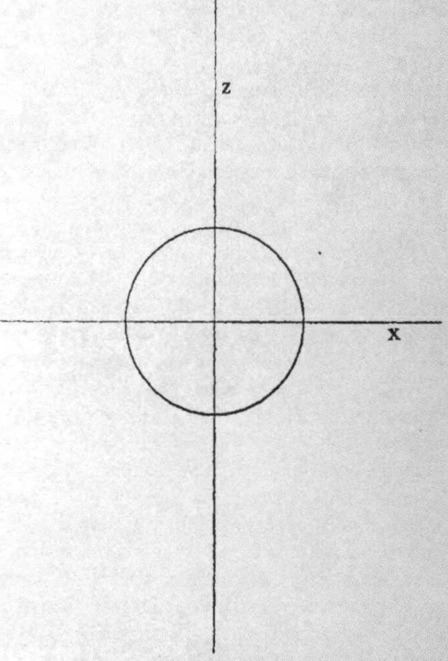

Fig. 1.—Polar graph of 1 in the xz plane, representing an s eigenfunction.

The second conclusion explains several interesting facts. Normal oxygen, in the state $2s^2 2p^4\ {}^3P$, contains two unpaired p electrons. When an atom of oxygen combines with two of hydrogen, a water molecule will result in which the angle formed by the three atoms is 90°, or somewhat larger because of interaction of the two hydrogen atoms. It has been long known from their large electric moment that water molecules have a kinked rather than a collinear arrangement of their atoms, and attempts have been made to explain this with rather unsatisfactory calculations based on an ionic structure with strong polarization of the oxygen anion in the field of the protons. The above simple explanation results directly from the reasonable assumption of an electron-pair bond structure and the properties of tesseral harmonics.

It can be predicted that H_2O_2, with the structure $\begin{matrix} :\ddot{O}:\ddot{O}: \\ \ddot{H}\ \ \ddot{H} \end{matrix}$ involving bonds of p electrons, also consists of kinked rather than collinear molecules.

Nitrogen, with the normal state $2s^2 2p^3\ {}^4S$, contains three unpaired p

electrons, which can form bonds at about 90° from one another with three hydrogen atoms. The ammonia molecule, with the resulting pyramidal structure, also has a large electric moment.

The crystal skutterudite, $Co_4^{3+}(As_4^{4-})_3$, contains As_4^{4-} groups with a square configuration, corresponding to the structure $\left[\begin{matrix} :\ddot{A}s:\ddot{A}s: \\ :\ddot{A}s:\ddot{A}s: \end{matrix}\right]^{4-}$. This complex has bond angles of exactly 90°.

In the above discussion it has been assumed that the type of quantization has not been changed, and that *s* and *p* eigenfunctions retain their identity. This is probably true for H_2O and H_2O_2, and perhaps for NH_3 and As_4^{4-} also. A discussion of the effect of change of quantization on bond angles is given in a later section.

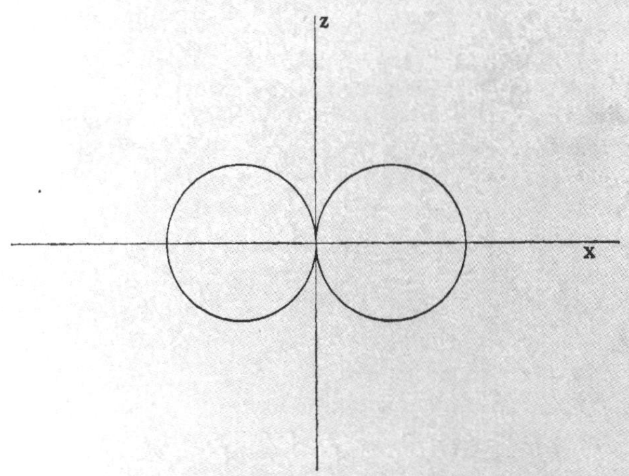

Fig. 2.—Polar graph of $|\sqrt{3}\sin\theta|$ in the *xz* plane, representing the p_x eigenfunction.

Transition from Electron-Pair to Ionic Bonds. The Hydrogen Bond.—In case that the symmetry character of an electron-pair structure and an ionic structure for a molecule are the same, it may be difficult to decide between the two, for the structure may lie anywhere between these extremes. The zeroth-order eigenfunction for the two bond electrons for a molecule MX (HF, say, or NaCl) with a single electron-pair bond would be

$$\Psi_{MX} = \frac{\psi_M(1)\,\psi_X(2) + \psi_M(2)\,\psi_X(1)}{\sqrt{2 + 2S^2}} \qquad (3)$$

in which $S = \int \psi_M(1)\,\psi_X{}^*(1)\,d\tau_1$. The eigenfunction for a pure ionic state would be

$$\Psi_{M^+X^-} = \psi_X(1)\,\psi_X(2) \qquad (4)$$

In certain cases one of these might approximate the correct eigenfunction closely. In other cases, however, it would be necessary to consider combinations of the two, namely

$$\Psi_+ = a\,\Psi_{MX} + \sqrt{1-a^2}\,\Psi_{M^+X^-}$$

and

$$\Psi_- = \sqrt{1-a^2}\,\Psi_{MX} - a\,\Psi_{M^+X^-} \qquad (5)$$

For a given molecule and a given internuclear separation a would have a definite value, such as to make the energy level for Ψ_+ lie as low as possible. If a happens to be nearly 1 for the equilibrium state of the molecule, it would be convenient to say that the bond is an electron-pair bond; if a is nearly zero, it could be called an ionic bond. This definition is somewhat unsatisfactory in that it does not depend on easily observable quantities. For example, a compound which is ionic by the above definition might dissociate adiabatically into neutral atoms, the value of a changing from nearly zero to unity as the nuclei separate, and it would do this in case the electron affinity of X were less than the ionization potential of M. HF is an example of such a compound. There is evidence, given below, that the normal molecule approximates an ionic compound; yet it would dissociate adiabatically into neutral F and H.[13]

But direct evidence regarding the value of a can sometimes be obtained. The hydrogen bond, discovered by Huggins and by Latimer and Rodebush, has been usually considered as produced by a hydrogen atom with two electron-pair bonds, as in $[:\ddot{\underset{..}{F}}:H:\ddot{\underset{..}{F}}:]^-$. It was later pointed out[1] that this is not compatible with the quantum mechanical rules, for hydrogen can have only one unpaired $1s$ electron, and outer orbits are so much less stable that strong bonds would not be formed. With an ionic structure, however, we would expect H^+F^- to polymerize and to add on to F^-, to give H_6F_6 and $[F^-H^+F^-]^-$; moreover, the observed coördination number 2 is just that predicted[14] from the radius ratio 0. Hence the observation that hydrogen bonds are formed with fluorine supports an ionic structure for HF. Hydrogen bonds are not formed with chlorine, bromine, and iodine, so that the bonds in HCl, HBr, and HI are to be considered as approaching the electron-pair type.

Hydrogen bonds are formed to some extent by oxygen ($(H_2O)_x$, ice, etc.) and perhaps also in some cases by nitrogen. The electrostatic structure for the hydrogen bond explains the observation that only these atoms of high electron affinity form such bonds, a fact for which no explanation was given by the older conception. It is of interest that there is considerable

[13] There would, however, be a certain probability, dependent on the nature of the eigenfunctions, that actual non-adiabatic dissociation would give ions rather than atoms, and this might be nearly unity, in case the two potential curves come very close to one another at some point. See I. v. Neumann and E. Wigner, *Physik. Z.*, **30**, 467 (1929).

[14] Linus Pauling, This Journal, **51**, 1010 (1929).

evidence from crystal structure data for $[OHO]^{\equiv}$ groups. In many crystals containing H and O, including topaz,[15] $Al_2SiO_4(F,OH)_2$; diaspore,[16] $AlHO_2$; goethite,[16] $FeHO_2$; chondrodite,[17] $Mg_5Si_2O_8(F,OH)_2$; etc., the sum of the strengths of the electrostatic bonds from all cations (except hydrogen) to an anion is either 2 or 1, indicating, according to the electrostatic valence rule,[14] the presence of $O^{=}$ and of F^- or $(OH)^-$, respectively. But in some crystals, including[18] KH_2PO_4; staurolite,[19] $H_2FeAl_4Si_2O_{12}$; and lepidocrocite,[16] $FeHO_2$, the sum of bond strengths is 2 or $^3/_2$, the latter value occurring twice for each H; the electrostatic valence rule in these cases supports the assumption of $[O^{=}H^{+}O^{=}]^{\equiv}$ groups, the hydrogen ion contributing a bond of strength $^1/_2$ to each of two oxygen ions.

In other cases, discussed below, the lowest electron-pair-bond structure and the lowest ionic-bond structure do not have the same multiplicity, so that (when the interaction of electron spin and orbital motion is neglected) these two states cannot be combined, and a knowledge of the multiplicity of the normal state of the molecule or complex ion permits a definite statement as to the bond type to be made.

Change in Quantization of Bond Eigenfunctions.—A normal carbon atom, in the state $2s^22p^2\ ^3P$, contains only two unpaired electrons, and can hence form no more than two single bonds or one double bond (as in CO, formed from a normal carbon atom and a normal oxygen atom). But only about 1.6 v. e. of energy is needed to excite a carbon atom to the state $2s2p^3\ ^5S$, with four unpaired electrons, and in this state the atom can form four bonds. We might then describe the formation of a substituted methane CRR′R″R‴ in the following way. The radicals R, R′, and R″, each with an unpaired electron, form electron-pair bonds with the three p electrons of the carbon atom, the bond directions making angles of 90° with one another. The fourth radical R‴ then forms a weaker bond with the s electron, probably at an angle of 125° with each of the other bonds. This would give an unsymmetrical structure, with non-equivalent bonds, and considerable discussion has been given by various authors to the difference in the carbon bonds due to s and p electrons. Actually the foregoing treatment is fallacious, for the phenomenon of change in quantization of the bond eigenfunctions, first discussed in the note referred to before,[1] leads simply and directly to the conclusion that *the four bonds formed by a carbon atom are equivalent and are directed toward tetrahedron corners.*

The importance of s, p, d, and f eigenfunctions for single atoms and ions

[15] Linus Pauling, *Proc. Nat. Acad. Sci.*, **14**, 603 (1928); N. A. Alston and J. West, *Z. Krist.*, **69**, 149 (1928).

[16] Unpublished investigation in this Laboratory.

[17] W. L. Bragg and J. West, *Proc. Roy. Soc.* (London), **A114**, 450 (1927); W. H. Taylor and J. West, *ibid.*, **A117**, 517 (1928).

[18] J. West, *Z. Krist.*, **74**, 306 (1930).

[19] St. Naray-Szabo, *ibid.*, **71**, 103 (1929).

results from the fact that the interaction of one electron with the nucleus and other electrons can be represented approximately by a non-Coulombian central field, so that the wave equation can be separated in polar coördinates r, θ, and φ, giving rise to eigenfunctions involving tesseral harmonics such as those in Equation 1. The deeper penetration of s electrons within inner shells causes them to be more tightly bound than p electrons with the same total quantum number. If an atom approaches a given atom, forming a bond with it, the interaction between the two can be considered as a perturbation, and the first step in applying the perturbation theory for a degenerate system consists in finding the correct zeroth-order eigenfunctions for the perturbation, one of which is the eigenfunction which will lead to the largest negative perturbation energy. This will be the one with the largest values along the bond direction. The correct zeroth-order eigenfunctions must be certain normalized and mutually orthogonal linear aggregates of the original eigenfunctions. If the perturbation is small, the s eigenfunction cannot be changed, and the only combinations which can be made with the p eigenfunctions are equivalent merely to a rotation of axes. But in case the energy of interaction of the two atoms is greater than the difference in energy of an s electron and a p electron (or, if there are originally two s electrons present, as in a normal carbon atom, of twice this difference), hydrogen-like s and p eigenfunctions must be grouped together to form the original degenerate state, and the interaction of the two atoms together with the deviation of the atomic field from a Coulombian one must be considered as the perturbation, with the former predominating. The correct zeroth-order bond eigenfunctions will then be those orthogonal and normalized linear aggregates of both the s and p eigenfunctions which would give the strongest bonds according to Rule 5.

A rough criterion as to whether the quantization is changed from that in polar coördinates to a type giving stronger bond eigenfunctions is thus that the possible bond energy be greater than the s–p (or, if d eigenfunctions are also involved, s–d or p–d) separation.[20]

This criterion is satisfied for quadrivalent carbon. The energy difference of the states[21] $2s^22p^2\ {}^3P$ and $2s2p^3\ {}^3P$ of carbon is 9.3 v. e., and a similar value of about 200,000 cal. per mole is found for other atoms in the first row of the periodic system. The energy of a single bond is of the order of 100,000 cal. per mole. Hence a carbon atom forming four bonds would certainly have changed quantization, and even when the bond energy must be divided between two atoms, as in a diamond crystal, the criterion is sufficiently well satisfied. The same results hold for quadrivalent

[20] This criterion was expressed in Ref. 1.

[21] States with the same multiplicity should be compared, for increase in multiplicity decreases the term value, the difference between $2s^22p^2\ {}^3P$ and $2s2p^3\ {}^5S$ being only about 1.6 v. e., as mentioned above.

nitrogen, a nitrogen *ion* in the state $N^+ \ 2s2p^3 \ ^5S$ forming four bonds, as in $(NH_4)^+$, $N(CH_3)_4^+$, etc. But for bivalent oxygen there is available only about 200,000 cal. per mole bond energy, and the s–p separation for two s electrons corresponds to about 400,000 cal. per mole, so that it is very probable that the oxygen bond eigenfunctions in H_2O, for example, are p eigenfunctions, as assumed in a previous section. Trivalent nitrogen is a border-line case; the bond energy of about 300,000 cal. per mole is sufficiently close to the s–p energy of 400,000 cal. per mole to permit the eigenfunctions to be changed somewhat, but not to the extent that they are in quadrivalent carbon and nitrogen.

It may be pointed out that the s–p separation for atoms in the same column of the periodic table is nearly constant, about 200,000 cal. per mole for one s electron. The bond energy decreases somewhat with increasing atomic number. Thus the energies of a bond in the compounds H_2O, H_2S, H_2Se, and H_2Te, calculated from thermochemical and band spectral data, are 110,000, 90,000, 73,000, and 60,000 cal. per mole, respectively. Hence we conclude that if quantization in polar coördinates is not broken for a light atom on formation of a compound, it will not be broken for heavier atoms in the same column of the periodic system. The molecules H_2S, H_2Se, and H_2Te must accordingly also have a non-linear structure, with bond angles of 90° or slightly greater.

Let us now determine the zeroth-order eigenfunctions which will form the strongest bonds for the case when the s–p quantization is broken. The dependence on r of s and p hydrogen-like eigenfunctions is not greatly different,[22] and it seems probable that the effect of the non-Coulombian field would decrease the difference for actual atoms. We may accordingly assume that $R_{n0}(r)$ and $R_{n1}(r)$ are effectively the same as far as bond formation is concerned, so that the problem of determining the bond eigenfunctions reduces to a discussion of the θ, φ eigenfunctions of Equation 1. Arbitrary sets of θ, φ eigenfunctions formed from s, p_x, p_y, and p_z are given by the expressions

$$\left.\begin{aligned} \psi_1 &= a_1s + b_1p_x + c_1p_y + d_1p_z \\ \psi_2 &= a_2s + b_2p_x + c_2p_y + d_2p_z \\ \psi_3 &= a_3s + b_3p_x + c_3p_y + d_3p_z \\ \psi_4 &= a_4s + b_4p_x + c_4p_y + d_4p_z \end{aligned}\right\} \quad (6)$$

in which the coefficients a_1, etc., are restricted only by the orthogonality and normalization requirements

$$\int \psi_i^2 d\tau = 1 \quad \text{or } a_i^2 + b_i^2 + c_i^2 + d_i^2 = 1 \qquad i = 1,2,3,4 \quad (7a)$$

and

$$\int \psi_i\psi_k d\tau = 0 \quad \text{or } a_ia_k + b_ib_k + c_ic_k + d_id_k = 0 \quad i,k = 1,2,3,4 \quad i \neq k \quad (7b)$$

[22] See the curves given by Linus Pauling, *Proc. Roy. Soc.* (London), **A114**, 181 (1927), or A. Sommerfeld, "Wellenmechanischer Ergänzungsband," p. 88.

From Rule 5 the best bond eigenfunction will be that which has the largest value in the bond direction. This direction can be chosen arbitrarily for a single bond. Taking it along the x axis, it is found that the best single bond eigenfunction is[23]

$$\psi_1 = \frac{1}{2}s + \frac{\sqrt{3}}{2}p_x \tag{8a}$$

with a maximum value of 2, considerably larger than that 1.732 for a p eigenfunction. A graph of this function in the xz plane is shown in Fig. 3.

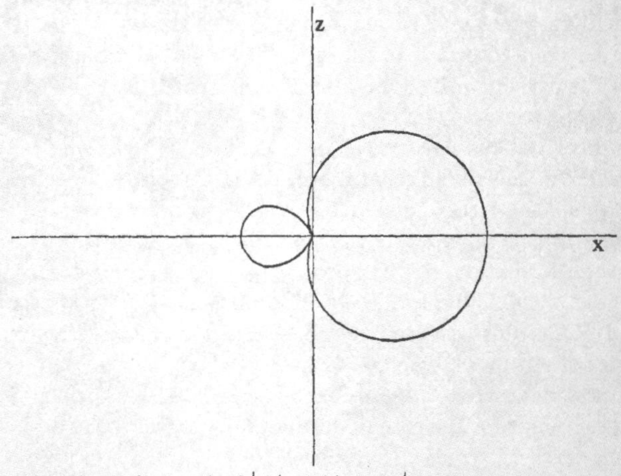

Fig. 3.—Polar graph of $\left| {}^1/_2 + {}^3/_2 \sin\theta \right|$ in the xz plane, representing a tetrahedral eigenfunction, the best bond eigenfunction which can be formed from s and p eigenfunctions.

A second bond can be introduced in the xz plane. The best eigenfunction for this bond is found to be

$$\psi_2 = \frac{1}{2}s - \frac{1}{2\sqrt{3}}p_x + \frac{\sqrt{2}}{\sqrt{3}}p_z \tag{8b}$$

[23] It is easily shown with the use of the method of undetermined multipliers that the eigenfunction with the maximum value in the direction defined by the polar angles θ_0, φ_0 has as coefficients of the initial eigenfunctions quantities proportional to $\psi_k(\theta_0,\varphi_0)$, and that the maximum value is itself equal to $\left\{\Sigma_k[\psi_k(\theta_0,\varphi_0)]^2\right\}^{1/2}$. For let $\psi(\theta,\varphi) = \Sigma_{k=1}^{n} a_k\psi_k(\theta,\varphi)$, with $\Sigma a_k^2 = 1$. We want $\psi(\theta_0,\varphi_0) = \Sigma a_k\psi_k(\theta_0,\varphi_0)$ to be a maximum with respect to variation in the a_k's. Consider the expression

$$\Lambda = \psi(\theta_0,\varphi_0) - \frac{\lambda}{2}\{\Sigma a_k^2 - 1\} = \Sigma\left\{a_k\psi_k(\theta_0,\varphi_0) - \frac{\lambda}{2}a_k^2\right\} + \frac{\lambda}{2}$$

in which λ is an undetermined multiplier. Then we put

$$\frac{\partial\Lambda}{\partial a_k} = \psi_k(\theta_0,\varphi_0) - \lambda a_k = 0 \text{ or } a_k = \frac{\psi_k(\theta_0,\varphi_0)}{\lambda},\ k = 1,2\ldots n$$

in which λ has such a value that $\Sigma a_k^2 = 1$; *i. e.*, $\lambda = \left\{\Sigma[\psi_k(\theta_0,\varphi_0)]^2\right\}^{1/2}$. $\psi(\theta_0,\varphi_0)$ is itself then equal to $\Sigma[\psi_k(\theta_0,\varphi_0)]^2/\lambda$ or $\left\{\Sigma[\psi_k(\theta_0,\varphi_0)]^2\right\}^{1/2}$.

This eigenfunction is equivalent to and orthogonal to ψ_1, and has its maximum value of 2 at $\theta = 19°28'$, $\varphi = 180°$, that is, at an angle of $109°28'$ with the first bond, *which is just the angle between the lines drawn from the center to two corners of a regular tetrahedron.* The third and fourth best bond eigenfunctions

$$\psi_3 = \frac{1}{2}s - \frac{1}{2\sqrt{3}}p_x - \frac{1}{\sqrt{6}}p_z + \frac{1}{\sqrt{2}}p_y \quad (8c)$$

and

$$\psi_4 = \frac{1}{2}s - \frac{1}{2\sqrt{3}}p_x - \frac{1}{\sqrt{6}}p_z - \frac{1}{\sqrt{2}}p_y \quad (8d)$$

are also equivalent to the others, and have their maximum values of 2 along the lines toward the other two corners of a regular tetrahedron.

An equivalent set of four tetrahedral eigenfunctions is[24]

$$\left.\begin{aligned}
\psi_{111} &= \frac{1}{2}(s + p_x + p_y + p_z) \\
\psi_{1\bar{1}\bar{1}} &= \frac{1}{2}(s + p_x - p_y - p_z) \\
\psi_{\bar{1}1\bar{1}} &= \frac{1}{2}(s - p_x + p_y - p_z) \\
\psi_{\bar{1}\bar{1}1} &= \frac{1}{2}(s - p_x - p_y + p_z)
\end{aligned}\right\} \quad (9)$$

These differ from the others only by a rotation of the atom as a whole.

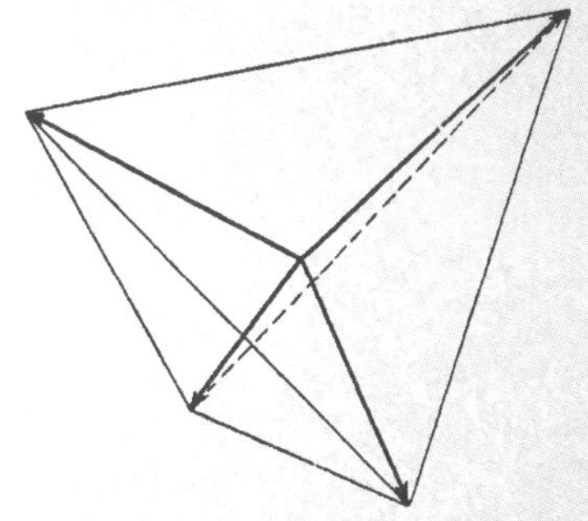

Fig. 4.—Diagram showing relative orientation in space of the directions of the maxima of four tetrahedral eigenfunctions.

The Tetrahedral Carbon Atom.—We have thus derived the result that *an atom in which only s and p eigenfunctions contribute to bond formation and in which the quantization in polar coördinates is broken can form one, two, three, or four equivalent bonds, which are directed toward the corners of a regular tetrahedron* (Fig. 4). This calculation provides the quantum mechanical justification of the chemist's tetrahedral carbon atom, present in diamond and all aliphatic carbon compounds, and for the tetrahedral quadrivalent nitrogen atom, the tetrahedral phosphorus atom, as in phosphonium compounds, the tetrahedral boron atom in B_2H_6 (involving single-electron bonds), and many other such atoms.

Free or Restricted Rotation.—Each of these tetrahedral bond eigen-

[24] It should be borne in mind that the bond eigenfunctions actually are obtained from the expressions given in this paper by substituting for s the complete eigenfunction $\Psi_{n00}(r,\theta,\varphi)$, etc. It is not necessary that the r part of the eigenfunctions be identical; the assumption made in the above treatment is that they do not affect the evaluation of the coefficients in the bond eigenfunctions.

functions is cylindrically symmetrical about its bond direction. Hence the bond energy is independent of orientation about this direction, so that there will be *free rotation about a single bond*, except in so far as rotation is hindered by steric effects, arising from interactions of the substituent atoms or groups.

A double bond behaves differently, however. Let us introduce two substituents in the octants xyz and $\bar{x}\bar{y}z$ of an atom, a carbon atom, say, using the bond eigenfunctions ψ_{111} and $\psi_{\bar{1}\bar{1}1}$. The two eigenfunctions $\psi_{1\bar{1}\bar{1}}$ and $\psi_{\bar{1}1\bar{1}}$ are then left to form a double bond with another such group. Now $\psi_{1\bar{1}\bar{1}}$ and $\psi_{\bar{1}1\bar{1}}$ (or any two eigenfunctions formed from them) are not cylindrically symmetrical about the z axis or any direction, nor are the two eigenfunctions on the other group. Hence the energy of the double bond will depend on the relative orientation of the two tetrahedral carbon atoms, and will be a maximum when the two sets of eigenfunctions show the maximum overlapping. This will occur when the two tetrahedral atoms share an edge (Fig. 5). Thus we derive the result, found long ago by chemists, that there are two stable states for a simple compound involving a double bond, a *cis* and a *trans* state, differing in orientation by 180°. *There is no free rotation about a double bond.*[25]

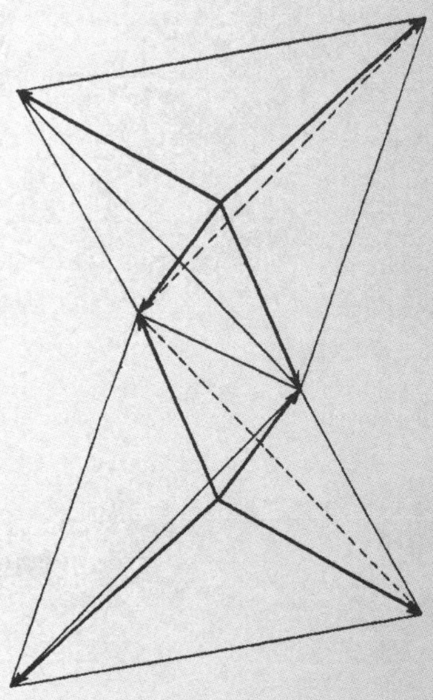

Fig. 5.—Directions of maxima of tetrahedral eigenfunctions in two atoms connected by a double bond.

The three eigenfunctions which would take part in the formation of a triple bond can be made symmetrical about the bond direction, for an atom of the type considered above, with only four eigenfunctions in the outer shell; but since the group attached by the fourth valence lies on the axis of the triple bond, there is no way of verifying the resulting free rotation about the triple bond.

The Angles between Bonds.—The above calculation of tetrahedral angles between bonds when the quantization is changed sets an upper limit on bond angles in doubtful cases, when the criterion is only approximately satisfied. For we can now state that the bond angles in H_2O and NH_3

[25] A discussion of rotation about a double bond on the basis of the quantum mechanics has been published by E. Hückel, *Z. Physik*, **60**, 423 (1930), which is, I feel, neither so straightforward nor so convincing as the above treatment, inasmuch as neither the phenomenon of concentration of the bond eigenfunctions nor that of change in quantization is taken into account.

should lie between 90 and 109°28′, closer to 90° for the first and to 109°28′ for the second compound. The same limits should apply to other atoms with an outer 8-shell (counting both shared and unshared electron pairs). Direct evidence on this point is provided by crystal structure data for non-ionic crystals, given in Table I. Every one of the angles given in this table depends on one or more parameters, which have been determined experimentally from observed intensities of x-ray reflections. The probable error in most cases is less than 5°, and in many is only about ±1°. It will be observed that quadrivalent carbon and nitrogen and trivalent nitrogen form bonds at tetrahedral angles, whereas heavier atoms forming only two or three bonds prefer smaller bond angles. The series As, Sb, Bi is particularly interesting. We expect, from an argument given earlier,

Table I

Angles between Bonds, from Crystal Structure Data[a]

Compound	Atom	Number of bonds	Angles between bonds
$C_6N_4H_{12}$	C	2 C—N, 2 C—H	112° between C—N bonds
$C_6N_4H_{12}$	N	3 N—C	108°
$(NH_2)_2CO$[b]	C	2 single C—N 1 double C=O	115° between single bonds
As	As	3	97°
Sb	Sb	3	96°
Bi	Bi	3	94°
Se	Se	2	105°
Te	Te	2	102°
FeS_2[d], MnS_2, CoS_2, NiS_2	S^{++}	1 S—S 3 S—M	103° between S—S and S—M bonds 115° between two M—S bonds
MoS_2[e]	S^+	3 S—Mo	82°
$Co_4(As_4)_3$	As^-	2 As—As	90°
$CaSi_2$	Si	3 Si—Si	103° between Si—Si bonds
HgI_2	I^+	2 Hg—I	103°
GeI_4	Ge	4 Ge—I	109.5°
SnI_4	Sn	4 Sn—I	109.5°
As_4O_6	As	3 As—O	109.5°
	O	2 O—As	109.5°
Sb_4O_6	Sb	3 Sb—O	109.5°
	O	2 O—Sb	109.5°
$NaClO_3$[c]	Cl^{++}	3 Cl—O	109.5°
$KClO_3$	Cl^{++}	3 Cl—O	109.5°
$KBrO_3$	Br^{++}	3 Br—O	109.5°

[a] Data for which no reference is given are from the *Strukturbericht* of P. P. Ewald and C. Hermann. [b] R. W. G. Wyckoff, *Z. Krist.*, **75**, 529 (1930). [c] W. H. Zachariasen, *ibid.*, **71**, 501, 517 (1929). [d] The very small paramagnetic susceptibility of pyrite requires the presence of electron-pair bonds, eliminating an ionic structure $Fe^{++}S_2^{=}$. Angles are calculated for FeS_2, for which the parameters have been most accurately determined. [e] The parameter value (correct value u = 0.371) and interatomic distances for molybdenite are incorrectly given in the *Strukturbericht*.

that the bond eigenfunctions will deviate less and less from pure p eigenfunctions in this order, and this evidences itself in a closer approach of the bond angle to 90° in the series. Geometrical effects sometimes affect the bond angles, as in As_4O_6 and Sb_4O_6, where a decrease in the oxygen bond angle would necessarily be accompanied by an increase in that for the other atom, and in molybdenite and pyrite.

Many compounds with tetrahedral structures (diamond, sphalerite, wurzite, carborundum, etc.) are known, in which the four bonds have tetrahedral angles. Tetrahedral atoms in such crystals include C (diamond, SiC), Si, Ge, Sn, Cl^{3+} (in CuCl), Br^{3+}, I^{3+}, O^{++} (in Cu_2O and ZnO), S^{++}, Se^{++}, Te^{++}, N^+ (in AlN), P^+, As^+, Sb^+, Bi^+, $Cu^{\equiv}$, $Zn^{=}$, $Cd^{=}$, $Hg^{=}$, Al^-, Ga^- and In^-.

The Valence of Atoms.—In the last paragraph and in Table I the atoms are represented with electrical charges which are not those usually seen. These charges are obtained by the application of Rule 1, according to which an electron-pair bond is formed by one electron from each of the two atoms (even though as the atoms separate the type of bonding may change in such a way that both electrons go over to one atom). Accordingly in determining the state of ionization of the atoms in a molecule or crystal containing electron-pair bonds each shared electron-pair is to be split between the two atoms. In this way every atom is assigned an electrovalence obtained by the above procedure and a covalence equal to the number of its shared electron-pair bonds.

It is of interest to note that a quantity closely related to the "valence" of the old valence theory is obtained for an atom by taking the algebraic sum of the electrovalence and of the covalence, the latter being given the positive sign for metals and the negative sign for non-metals. For example, oxygen in OH^- is O^- with a covalence of 1, in H_2O it is O with a covalence of 2, in H_3O^+ it is O^+ with a covalence of 3, and in crystalline ZnO it is O^{++} with a covalence of 4; in each case the above rule gives -2 for its valence.

Trigonal Quantization.—We have seen that an atom with s-p quantization unchanged will form three equivalent bonds at 90° to one another. If quantization is changed, the three strongest bonds will lie at tetrahedral angles. But increase in the bond angle beyond the tetrahedral angle is not accompanied by a very pronounced decrease in bond strength. Thus three equivalent bond eigenfunctions in a plane, with maxima 120° apart, can be formed

$$\left.\begin{aligned} \psi_1 &= \frac{1}{\sqrt{3}}s + \sqrt{\frac{2}{3}}\,p_x \\ \psi_2 &= \frac{1}{\sqrt{3}}s - \frac{1}{\sqrt{6}}p_x + \frac{1}{\sqrt{2}}p_y \\ \psi_3 &= \frac{1}{\sqrt{3}}s - \frac{1}{\sqrt{6}}p_x - \frac{1}{\sqrt{2}}p_y \end{aligned}\right\} \qquad (10)$$

and these have a strength of 1.991, only a little less than that 2.000 of tetrahedral bonds (Fig. 6). As a result, we may anticipate that in some cases the bond angles will be larger than 109°28′. The carbonate ion in calcite and the nitrate ion in sodium nitrate are assigned a plane configuration from the results of x-ray investigations. In these ions the oxygen atoms are only 2.25 Å. from one another, so that their characteristic repulsive forces must be large, resisting decrease in the bond angle (the smallest distance observed between oxygen ions in ionic crystals is 2.5 Å.). But repulsion of the oxygen atoms would not be very effective in increasing the bond angle in the neighborhood of 120°, so that we might expect equilibrium to be achieved at a somewhat smaller angle, such as 118°. This would give $CO_3^{=}$ and NO_3^- a

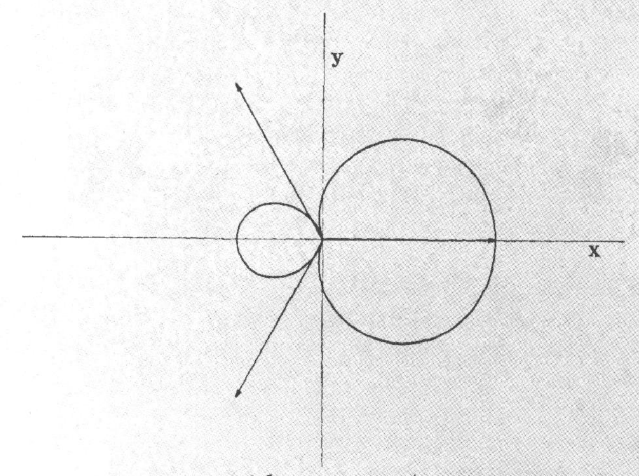

Fig. 6.—Polar graph of $\left|\frac{1}{\sqrt{3}} + \sqrt{2}\cos\varphi\right|$ in the xy plane, representing a trigonal eigenfunction. The maximum directions of the other two equivalent eigenfunctions are also shown.

pyramidal structure, like that of NH_3. There would be two configurations possible for a given orientation of the O_3 plane, one in which the carbon (or nitrogen) atom was a short distance above this plane (taken as horizontal) and one with it below the plane. If there is appreciable interaction between these two, as there will be in case the pyramid is flat, the symmetric and antisymmetric combinations of the two will be the correct eigenfunctions, corresponding to the rapid inversion of the pyramid, with a frequency of the order of magnitude of the vibrational frequency of the complex ion along its symmetry axis. This inversion would introduce an effective symmetry plane normal to the three-fold axis, so that a pyramidal structure with rapid inversion is compatible with the x-ray observations.[26]

[26] Simulation of symmetry by molecules or complex ions in crystals has been discussed by Linus Pauling, *Phys. Rev.*, **36**, 430 (1930).

Thus the x-ray data do not decide between this structure and a truly plane structure. Evidence from another source is at hand, however. A plane $CO_3^=$ or NO_3^- ion should show three characteristic fundamental vibrational frequencies. These have been observed as reflection maxima in the infra-red region. But two of the maxima, at 7μ and 14μ, are double,[27] and this doubling, which is not explicable with a plane configuration, is just that required by a pyramidal structure, the separation of the components giving the frequency of inversion of the pyramid.[28]

In graphite each carbon atom is bound to three others in the same plane; and here the assumption of inversion of a puckered layer is improbable, because of the number of atoms involved. A probable structure is one in which each carbon atom forms two single bonds and one double bond with other atoms. These three bonds should lie in a plane, with angles 109°28′ and 125°16′, which are not far from 120°. Two single bonds and a double bond should be nearly as stable as four single bonds (in diamond), and the stability would be increased by the resonance terms arising from the shift of the double bond from one atom to another. But this problem and the closely related problem of the structure of aromatic nuclei demand a detailed discussion, perhaps along the lines indicated, before they can be considered to be solved.

The Structures of Simple Molecules.—The foregoing considerations throw some light on the structure of very simple molecules in the normal and lower excited states, but they do not permit such a complete and accurate discussion of these questions as for more complicated molecules, because of the difficulty of taking into consideration the effect of several unshared and sometimes unpaired electrons. Often the bond energy is not great enough to destroy s–p quantization, and the interaction between a bond and unshared electrons is more important than between a bond and other shared electrons because of the absence of the effect of concentration of the eigenfunctions.

Let us consider an atom forming a bond with another atom in the direction of the z axis. Then p_z and s form two eigenfunctions designated σ, p_x and p_y two designated π (one with a resultant moment of $+1$ along the z axis, one with -1). If s–p quantization is not broken, the strongest bond will be formed by p_z, and weaker ones by π. If s–p quantization is broken, new eigenfunctions σ_b and σ_o will be formed from s and p_z. In this case the strongest bond is formed by the σ_b eigenfunction, which extends out toward the other atom, weaker ones are formed by π_+ and π_-, and an extremely weak one, if any, by σ_o. We can also predict the stability of

[27] C. Schaefer, F. Matossi and F. Dane, *Z. Physik*, **45**, 493 (1927).

[28] The normal states of these ions are similar to certain excited states of ammonia, which also show doubling. The frequency of inversion of the normal ammonia molecule is negligibly small.

unshared electrons; σ_o, involving s with its greater penetration of the atom core, will be more stable than π.

As examples we may discuss CO, CN, N_2 and NO. CO might be composed of normal or excited atoms, or even of ions. A neutral oxygen atom can form only two bonds. Hence a normal carbon atom, ^3P, which can also form two bonds, is at no disadvantage. We can write the following reaction, using symbols similar to those of Lennard-Jones[29] and Dunkel,[30] whose treatments of the electronic structure of simple molecules have several points of similarity with ours

$$\mathrm{C}\ 2s^2 2p 2p\ {}^3P + \mathrm{O}\ 2s^2 2p^2 2p 2p\ {}^3P \longrightarrow \mathrm{CO}\ (2\sigma_o^2)(2\sigma_o^2 2\pi^2)\{2\sigma_b 2\pi + 2\sigma_b 2\pi\}\,{}^1\Sigma$$

:C̣· + ·Ö̤: ⟶ :C::Ö: Normal state

Here symbols in parentheses represent unshared electrons attached to C and O, respectively, and those in braces represent shared electrons. An excited carbon atom ^5S lies about 1.6 v. e. above the normal state, but can still form only a double bond with oxygen, so that the resultant molecule should be excited. We write

$$\mathrm{C}^*\ 2s 2p 2p 2p\ {}^5S + \mathrm{O}\ 2s^2 2p^2 2p 2p\ {}^3P \longrightarrow \mathrm{CO}^*\ (2\sigma_o 2\pi)(2\sigma_o^2 2\pi^2)\{2\sigma_b 2\pi + 2\sigma_b 2\pi\}\,{}^3\Pi \text{ or } {}^1\Pi$$

The resultant states are necessarily Π, for σ_b and one π are used for the bond, leaving on C σ_o and π. These two electrons may or may not pair with one another, giving $^1\Pi$ and $^3\Pi$, respectively. Of these $^3\Pi$ should be the more stable, for the two electrons are attached essentially to one atom, and the rules for atomic spectra should be valid. This is substantiated; the observed excited states $^3\Pi$ and $^1\Pi$ lie at 5.98 and 7.99 v. e., respectively. Another way of considering these three states is the following: to go from :C::Ö: to ·C̣::Ö: we lift an electron from the more deeply penetrating σ_o orbit to π; about 6–8 v. e. is needed for this, and the resultant state is either $^3\Pi$ or $^1\Pi$. This viewpoint does not necessitate the discussion of products of dissociation.

CN is closely similar. The normal nitrogen atom, $2s^2 2p 2p 2p\ {}^4S$, can form three bonds, and more cannot be formed by an excited neutral atom (with five L electrons), so that there is no reason to expect excitation. But a normal carbon atom can form only a double bond, and an excited carbon atom, only 1.6 v. e. higher, can form a triple bond, which contributes about 3 v. e. more than a double bond to the bond energy. Hence we write

$$\mathrm{C}^*\ 2s 2p 2p 2p\ {}^5S + \mathrm{N}\ 2s^2 2p 2p 2p\ {}^4S \longrightarrow \mathrm{CN}\ (2\sigma_o)(2\sigma_o^2)\{2\sigma_b 2\pi 2\pi + 2\sigma_b 2\pi 2\pi\}\,{}^2\Sigma$$

·Ċ̣· + ·Ṇ̇: ⟶ ·C:::N: Normal state

The first excited state of the molecule, :C::Ṇ:, is built from normal atoms, and has the term symbol $^2\Pi$. It lies 1.78 v. e. above the normal state.

[29] J. E. Lennard-Jones, *Trans. Faraday Soc.*, **25**, 668 (1929).

[30] M. Dunkel, *Z. physik. Chem.*, **B7**, 81 (1930).

Two normal nitrogen atoms form a normal molecule with a triple bond.

$$2\mathrm{N}\ 2s^2 2p2p2p\ ^4S \longrightarrow \mathrm{N_2}(2\sigma_o^2)(2\sigma_o^2)\{2\sigma_b 2\pi 2\pi + 2\sigma_b 2\pi 2\pi\}^1\Sigma$$

$$:\dot{\underset{\cdot}{\mathrm{N}}}\cdot + \cdot\dot{\underset{\cdot}{\mathrm{N}}}: \longrightarrow :\mathrm{N}:::\mathrm{N}: \qquad \text{Normal state}$$

All other states lie much higher.

A normal oxygen atom and a normal nitrogen atom form a normal NO molecule with a double bond.

$$\mathrm{N}\ 2s^2 2p2p2p\ ^4S + \mathrm{O}\ 2s^2 2p^2 2p2p\ ^3P \longrightarrow \mathrm{NO}(2\sigma_o^2 2\pi)(2\sigma_o^2 2\pi^2)\{2\sigma_b 2\pi + 2\sigma_b 2\pi\}^2\Pi$$

$$:\dot{\underset{\cdot}{\mathrm{N}}}\cdot + \cdot\ddot{\underset{\cdot}{\mathrm{O}}}: \longrightarrow :\underset{\cdot}{\mathrm{N}}::\underset{\cdot\cdot}{\mathrm{O}}: \qquad \text{Normal state}$$

This treatment sometimes fails for symmetrical molecules. Thus $:\ddot{\mathrm{O}}::\ddot{\mathrm{O}}:$ $^1\Sigma$ would be predicted for the normal state of O_2, whereas the observed normal state, $^3\Sigma$, lies 1.62 v. e. below this. It seems probable that the additional degeneracy arising from the identity of the two atoms gives rise to a new type of bond, the *three-electron bond*, and that in normal O_2 there are one single bond and two three-electron bonds, $:\mathrm{O}\overset{\cdots}{\underset{\cdots}{:}}\mathrm{O}:$, $^3\Sigma$; a definite decision regarding this question must await a detailed quantum-mechanical treatment. Evidence regarding the oxygen–oxygen single bond is provided by O_4, with the square structure $\begin{matrix}:\ddot{\mathrm{O}}:\ddot{\mathrm{O}}:\\ :\underset{\cdot\cdot}{\ddot{\mathrm{O}}}:\underset{\cdot\cdot}{\ddot{\mathrm{O}}}:\end{matrix}$ The 90° bond angles are expected, since quantization in s and p eigenfunctions is not changed. The equality in energy of O_4 and $2O_2$ leads to an energy of 58,000 cal. per mole per single bond in O_4; the difference between this value and that for a carbon–carbon single bond (100,000 cal.) shows the greater bond-forming power of tetrahedral eigenfunctions over p eigenfunctions. Ozone, which very probably has the symmetrical arrangement $\begin{matrix} & \dot{\mathrm{O}} & \\ \dot{\mathrm{O}} & : & \dot{\mathrm{O}}\end{matrix}$, has 60° bond angles, and this distortion from the most favorable bond angle of 90° shows up in the bond energy, for the heat of formation of −34,000 cal. per mole leads to 47,000 cal. per mole per single bond, a decrease of 11,000 cal. over the favored O_4 bonds.

For some polyatomic molecules predictions can be made regarding the atomic arrangement from a knowledge of the electronic structure or *vice versa*. Thus $\cdot\mathrm{C}:::\mathrm{N}:$ $^2\Sigma$ can form a bond through the unpaired σ_o electron of carbon, and this bond will extend along the CN axis. Hence the molecules $\mathrm{H}:\mathrm{C}:::\mathrm{N}:$, $:\mathrm{N}:::\mathrm{C}:\mathrm{C}:::\mathrm{N}:$ and $:\ddot{\underset{\cdot\cdot}{\mathrm{Cl}}}:\mathrm{C}:::\mathrm{N}:$ should be linear. This is verified by band spectral data.[31] The isocyanides, RNC, such as H_3CNC, may be given either a triple or a double bond structure: $\mathrm{R}:\mathrm{N}:::\mathrm{C}:$ or $\mathrm{R}:\underset{\cdot\cdot}{\mathrm{N}}::\mathrm{C}:$. The first of these is built of the ions $\mathrm{N}^+\ ^5S$ and $\mathrm{C}^-\ ^4S$, which may be an argument in favor of the second structure, built of normal

[31] Private communication from Professor Richard M. Badger of this Laboratory, who has kindly provided me with much information concerning the results of band spectroscopy.

atoms.[32] A decision between the two alternatives could be made by determining the atomic arrangement of an isocyanide, for the triple bond gives a linear molecule, bond angle 180°, and the double bond a kinked molecule, bond angle between 90 and 109°28′.

The molecules and complex ions containing three kernels and sixteen L electrons form an interesting group. Of these CO_2, formed from excited carbon ^5S and normal oxygen atoms, would have the structure $:\ddot{O}::C::\ddot{O}:$. The two double bonds make the molecule linear, which is verified by both crystal structure and band spectral data. Crystal structure data also show N_2O to be linear, although it is not known whether or not the molecule has oxygen in the middle or at one end, as first suggested by Langmuir[33] and supported by the kernel-repulsion rule.[34] The known linear arrangement eliminates structures built of neutral atoms, $:\dot{N}:O:\dot{N}:$ and $:\dot{N}::N:\ddot{O}:$, for these have bond angles between 90 and 125°. The structures $:N::N::O:$ and $:N::O::N:$, built from N N^+ O^- and N^- O^{++} N^-, respectively, would both be linear, and so compatible with the known arrangement. An *a priori* decision between them is difficult, although previously advanced arguments favor the unsymmetrical structure. Band spectra should soon decide the question.

The trinitride, cyanate, and isocyanate ions, the first two of which are known[35] to be linear, no doubt have identical electronic structures.

$$:\ddot{N}\cdot^{-}\ {}^3P + \cdot\dot{N}\cdot^{+}\ {}^5S + \cdot\ddot{N}:^{-} \longrightarrow :\ddot{N}::N::\ddot{N}:^{-}$$

or

$$N^- + N^+ + N^- \longrightarrow N_3^- \text{ Trinitride ion}$$
$$N^- + C + O \longrightarrow NCO^- \text{ Cyanate ion}$$

The fulminate ion, CNO^-, probably has a structure intermediate between $:\ddot{C}::N::\ddot{O}:^-$ and $:C:::N:\ddot{O}:^-$; for since these two bond types have the same bond angles and term symbols ($^1\Sigma$), they can form intermediate structures lying anywhere between the two extremes. Which extreme is the more closely approached could be determined from a study of the bond angles in un-ionized fulminate molecules, such as AgCNO or ONCHgCNO, for the first structure would lead to an angle of 125° between the CNO axis and the metal–carbon bond, the second to an angle of 180°.

Bonds Involving d-Eigenfunctions.—When d eigenfunctions as well as s and p can take part in bond formation, the number and variety of bonds which can be formed are increased. Thus with an s, a p and a d subgroup as many as nine bonds can be formed by an atom. It is found from a

[32] Thus W. Heitler and G. Rumer, *Nachr. Ges. Wiss. Göttingen, Math. physik. Klasse*, **7**, 277 (1930), in a paper on the quantum mechanics of polyatomic molecules, discuss only the second structure.

[33] I. Langmuir, This Journal, **41**, 1543 (1919).

[34] Linus Pauling and S. B. Hendricks, *ibid.*, **48**, 641 (1926).

[35] S. B. Hendricks and Linus Pauling, This Journal, **47**, 2904 (1925).

consideration of the eigenfunctions that all cannot be equivalent, but six equivalent bonds extending toward the corners of either a regular octahedron or a trigonal pyramid, four extending toward the corners of a tetrahedron or a square, etc., can be formed; and the strength and mutual orientation of the bonds are determined by the number of d eigenfunctions involved in their formation.

There are five d eigenfunctions in a subgroup with $l = 2$ and with given n. They are

$$\left.\begin{aligned} d_z &= \sqrt{5/4}\,(3\cos^2\theta - 1) \\ d_{y+z} &= \sqrt{15}\sin\theta\cos\theta\cos\varphi \\ d_{x+z} &= \sqrt{15}\sin\theta\cos\theta\sin\varphi \\ d_{x+y} &= \sqrt{15/4}\sin^2\theta\sin 2\varphi \\ d_x &= \sqrt{15/4}\sin^2\theta\cos 2\varphi \end{aligned}\right\} \quad (11)$$

or any set of five orthogonal functions formed by linear combination of these. These functions are not well suited to bond formation. d_{y+z}, d_{x+z} and d_{x+y}, which are similarly related to the x, y and z axes, respectively, have the form shown in Fig. 7. Each eigenfunction has maxima in

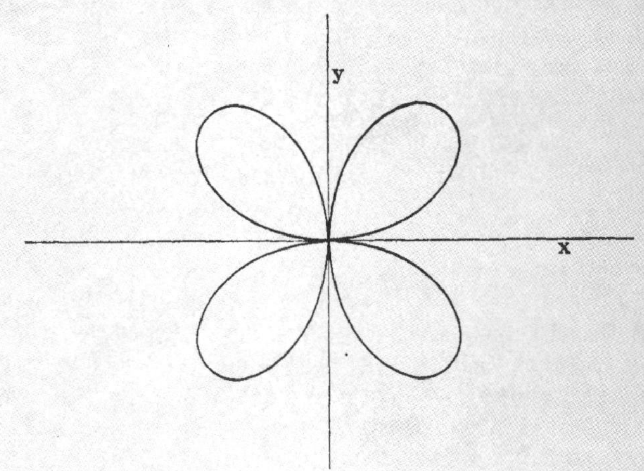

Fig. 7.—Polar graph of $\left|\frac{\sqrt{15}}{2}\sin^2\theta\sin 2\varphi\right|$ in the xy plane, representing the d_{x+} eigenfunction.

four directions. d_x is similar in shape, differing from d_{x+y} only in a rotation of 45° about the z axis. d_z, shown in Fig. 8, has two maxima along the z axis, and a girdle about its waist.

Assuming as before that the dependence on r of the s, p and d eigenfunctions under discussion is not greatly different, the best bond eigenfunctions can be determined by the application of the treatment already applied to s and p alone, with the following results.

The best bond eigenfunction which can be obtained from s, p and d is

$$\frac{1}{3}s + \frac{1}{\sqrt{3}}p_z + \frac{\sqrt{5}}{3}d_z$$

and has a strength of 3. The best two equivalent bond eigenfunctions involving one d eigenfunction

$$\frac{1}{2\sqrt{3}}s + \frac{1}{\sqrt{2}}p_z + \frac{\sqrt{5}}{2\sqrt{3}}d_z \quad \text{and}$$

$$\frac{1}{2\sqrt{3}}s - \frac{1}{\sqrt{2}}p_z + \frac{\sqrt{5}}{2\sqrt{3}}d_z$$

are oppositely directed and have a strength of 2.96.

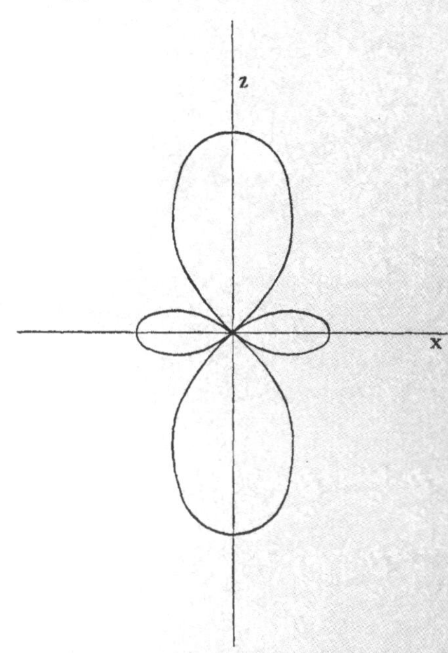

Fig. 8.—Polar graph of $\left|\frac{\sqrt{5}}{2}(3\cos^2\theta - 1)\right|$ in the xz plane, representing the d_z eigenfunction.

The atoms of the transition elements, for which d eigenfunctions need to be considered, are of such a size as usually to have a coördination number of 4 or 6, so that four or six equivalent bond eigenfunctions are here of especial interest. If there is available only one d eigenfunction to be combined with an s and three p eigenfunctions, then no more than five bond eigenfunctions can be formed. One may have the maximum strength 3, in which case the others are weak; or two may be strong and three weak; but *with a single d eigenfunction no more than four strong bonds can be formed, and these lie in a plane.* The fifth bond is necessarily weak. The four equivalent bond eigenfunctions formed from s, p and one d eigenfunction are

$$\left.\begin{aligned}
\psi_1 &= \frac{1}{2}s + \frac{1}{2}d_z + \frac{1}{\sqrt{2}}p_x \\
\psi_2 &= \frac{1}{2}s + \frac{1}{2}d_z - \frac{1}{\sqrt{2}}p_x \\
\psi_3 &= \frac{1}{2}s - \frac{1}{2}d_z + \frac{1}{\sqrt{2}}p_y \\
\psi_4 &= \frac{1}{2}s - \frac{1}{2}d_z - \frac{1}{\sqrt{2}}p_y
\end{aligned}\right\} \qquad (12)$$

One of these is shown in Fig. 9. These all have their maxima in the xy plane, directed toward the corners of a square. The strength of these bond eigenfunctions, 2.694, is much greater than that of the four tetrahedral eigenfunctions formed from s and p alone (2.00). But if three d

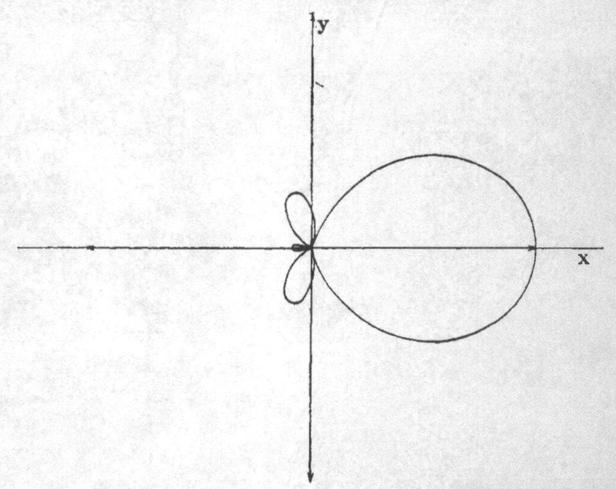

Fig. 9.—Polar graph of $\left| {}^1/_2 + \sqrt{{}^3/_2} \cos \varphi + \frac{\sqrt{15}}{4} \cos 2\varphi \right|$ in the xy plane, representing one of the four equivalent dsp^2 bond eigenfunctions. The directions of the maxima of the four are represented by arrows.

eigenfunctions are available, stronger bonds directed toward tetrahedron corners can be formed. The equivalent tetrahedral bond eigenfunctions

$$\psi_{111} = \frac{1}{2}s + \frac{\sqrt{3}}{4\sqrt{2}}(p_x + p_y + p_z) + \frac{\sqrt{5}}{4\sqrt{2}}(d_{y+z} + d_{x+z} + d_{x+y})$$

$$\psi_{1\bar{1}\bar{1}} = \frac{1}{2}s + \frac{\sqrt{3}}{4\sqrt{2}}(p_x - p_y - p_z) + \frac{\sqrt{5}}{4\sqrt{2}}(d_{y+z} - d_{x+z} - d_{x+y})$$

$$\psi_{\bar{1}1\bar{1}} = \frac{1}{2}s + \frac{\sqrt{3}}{4\sqrt{2}}(-p_x + p_y - p_z) + \frac{\sqrt{5}}{4\sqrt{2}}(-d_{y+z} + d_{x+z} - d_{x+y})$$

$$\psi_{\bar{1}\bar{1}1} = \frac{1}{2}s + \frac{\sqrt{3}}{4\sqrt{2}}(-p_x - p_y + p_z) + \frac{\sqrt{5}}{4\sqrt{2}}(-d_{y+z} - d_{x+z} + d_{x+y})$$

have a strength of 2.950, nearly equal to the maximum 3. These leave only two pure d eigenfunctions behind, however, the others being part d and part p. Thus we conclude that if there are three d eigenfunctions available, a transition group element forming four electron-pair bonds will direct them toward tetrahedron corners. Examples of such bonds are provided by $CrO_4^{=}$, $MoO_4^{=}$, etc. Only when one d eigenfunction alone is available will the four bonds lie in a plane. In compounds of bivalent nickel, palladium, and platinum, such as $K_2Ni(CN)_4$, $K_2Pd(CN)_4$, K_2PdCl_4, K_2PtCl_4, etc., there are eight unshared *d* electrons on each metal atom, which occupy four of the five *d* eigenfunctions. Hence the four added atoms or groups lie in a plane at the corners of a square about the metal atom. Such a configuration was assigned to palladous and platinous compounds by Werner because of the existence of apparent *cis* and *trans* compounds, and has been completely substantiated by the x-ray investigation of the chloropalladites and chloroplatinites.[36] The square configuration has not before been attributed to $K_2Ni(CN)_4$; it is supported by the observed isomorphism of the monoclinic crystals $K_2Pd(CN)_4 \cdot H_2O$ and $K_2Ni(CN)_4 \cdot H_2O$, and it will be shown in a following section that it is compatible with the magnetic data.

The non-existence of compounds K_3PtCl_5, etc., is explained by the weak bond-forming power (1.732) of the remaining eigenfunction p_z.

Now if two *d* eigenfunctions are available, six equivalent eigenfunctions

$$\left.\begin{aligned}
\psi_1 &= \frac{1}{\sqrt{6}}s + \frac{1}{\sqrt{2}}p_z + \frac{1}{\sqrt{3}}d_z \\
\psi_2 &= \frac{1}{\sqrt{6}}s - \frac{1}{\sqrt{2}}p_z + \frac{1}{\sqrt{3}}d_z \\
\psi_3 &= \frac{1}{\sqrt{6}}s + \frac{1}{\sqrt{12}}d_z + \frac{1}{2}d_x + \frac{1}{\sqrt{2}}p_x \\
\psi_4 &= \frac{1}{\sqrt{6}}s + \frac{1}{\sqrt{12}}d_z + \frac{1}{2}d_x - \frac{1}{\sqrt{2}}p_x \\
\psi_5 &= \frac{1}{\sqrt{6}}s + \frac{1}{\sqrt{12}}d_z - \frac{1}{2}d_x + \frac{1}{\sqrt{2}}p_y \\
\psi_6 &= \frac{1}{\sqrt{6}}s + \frac{1}{\sqrt{12}}d_z - \frac{1}{2}d_x - \frac{1}{\sqrt{2}}p_y
\end{aligned}\right\} \qquad (13)$$

can be formed. These form strong bonds, of strength 2.923, directed toward the corners of a regular octahedron; and no stronger octahedral bonds can be formed even though more *d* eigenfunctions be available (Figs. 10 and 11). Hence we expect transition group atoms with six or less unshared electrons to form six electron-pair bonds. Examples of such compounds are numerous: $PtCl_6^{=}$, $Fe(CN)_6^{\equiv}$, etc., although the definite assignment of an electron-pair bond structure rather than an ionic structure (as in $FeF_6^{\equiv}$, formed of Fe^{+++} and 6 F^-) can be made only after the discussion of paramagnetic susceptibility.

I have not succeeded in determining whether or not these octahedral eigenfunctions are the strongest six equivalent bond eigenfunctions which can be formed when more than two *d*'s are available. The known structure of molybdenite, MoS_2, suggests that six bonds directed toward the corners of a trigonal prism are stable; but only a small increase in bond strength can possibly be obtained (from 2.923 to not over 3), and the mutual re-

[36] R. G. Dickinson, This Journal, **44**, 2404 (1922).

pulsion of the six atoms or groups will in most cases overcome this, if it does exist, and leave the octahedral configuration the stable one.

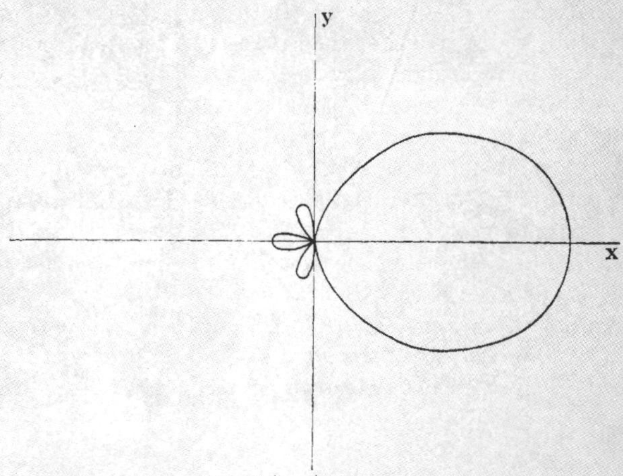

Fig. 10.—Polar graph of $|\psi_3|$ of Equation 13, in the xy plane, representing one of the six equivalent d^2sp^3 bond eigenfunctions (octahedral eigenfunctions).

II. The Magnetic Moments of Molecules and Complex Ions

The theory of the paramagnetic susceptibility of substances has been developed gradually over a long period of years through the efforts of a number of investigators. The theoretical calculation of the magnetic moments of complex molecules and ions has in particular attracted much attention recently, and both theoretical and empirical considerations have been used in developing rules applicable in various cases. The work reported in this paper provides little more than the justification and unification of previously developed rules. This finishing touch is, however, of much significance for the problem of the nature of the chemical bond; for it, in conjunction with the quantum mechanical discussion of the previous sections, permits definite conclusions to be drawn regarding type of bond in many molecules and complex ions from a knowledge of their magnetic moments, and conversely provides the basis for the definite prediction of magnetic moments from a knowledge of the type of bonds and the atomic arrangement.

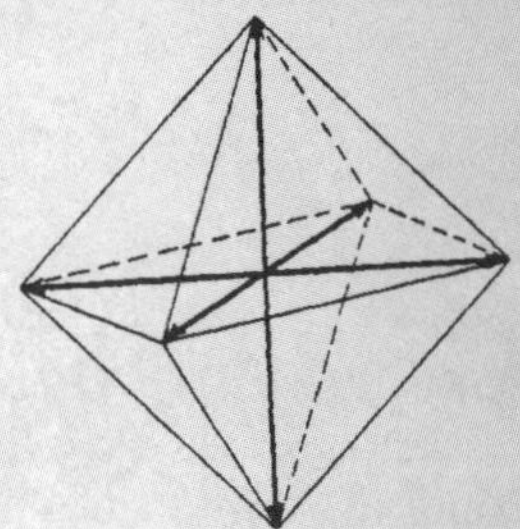

Fig. 11.—Diagram showing relative orientation in space of the directions of the maxima of the octahedral eigenfunctions.

The calculation of the magnetic moments of the rare-earth ions by

Hund[37] in 1926 and of oxygen and nitric oxide by Van Vleck[38] in 1928 were triumphs of the theory of spectra. The magnetic moment of an atom or monatomic ion with Russell–Saunders coupling of the quantum vectors is

$$\mu_J = g\sqrt{J(J+1)}$$

in which g, the Landé splitting factor, is given by

$$g = 1 + \frac{J(J+1) + S(S+1) - L(L+1)}{2J(J+1)}$$

Here L, S, and J are the quantum numbers corresponding to the total orbital angular momentum of the electrons, the total spin angular momentum, and the resultant of these two. Hund predicted values of L, S, and J for the normal states of the rare-earth ions from spectroscopic rules, and calculated μ-values for them which are in generally excellent agreement with the experimental data for both aqueous solutions and solid salts.[39] In case that the interaction between L and S is small, so that the multiplet separation corresponding to various values of J is small compared with kT, Van Vleck's formula[38]

$$\mu_{LS} = \sqrt{4S(S+1) + J(J+1)}$$

is to be used.

But similar calculations for the iron-group ions show marked disagreement with experiment, and many attempts were made to explain the discrepancies. The explanation is simple: *in many condensed systems the perturbing effect of the atoms or molecules surrounding a magnetic atom destroys the contribution of the orbital momentum to the magnetic moment, which is produced entirely by the spin moments of unpaired electrons.*[40]

This conclusion is easily deduced from the consideration of the nature of eigenfunctions giving rise to magnetic moments. In an atom containing unpaired p electrons, say, a component of orbital magnetic moment of $\pm(h/2\pi)\cdot(e/2mc)$ is obtained when an unpaired electron is in a state given by the eigenfunction $p_x \pm i\, p_y$. Now if the perturbing influence of surrounding atoms or molecules is such as to make the perturbation energy for the eigenfunction p_x or p_y or any combination of them other than $p_x \pm i\, p_y$ greater than the field energy, this will be the correct zeroth order eigenfunction, and the atom will show no orbital magnetic moment. In an atom with Russell–Saunders coupling the interaction energy of L and S takes the place of the field energy, so that the criterion to be satisfied in order that the magnetic moment due to L be destroyed is that the perturbation energy due to surrounding atoms and ions be greater than the multiplet separation, which for the iron-group ions is of the order of magnitude of 1 v. e.[41]

---

[37] F. Hund, *Z. Physik*, **33**, 345 (1925).

[38] J. H. Van Vleck, *Phys. Rev.*, **31**, 587 (1928).

[39] The few discrepancies have been accounted for by S. Freed [This Journal, **52**, 2702 (1930)] and J. H. Van Vleck and A. Frank [*Phys. Rev.*, **34**, 1494 (1929), and a paper delivered at the Cleveland meeting of the American Physical Society, December 31, 1930].

[40] This assumption was first made by E. C. Stoner, *Phil. Mag.*, **8**, 250 (1929), in order to account for the observed moments of iron-group ions.

[41] Essentially the same conclusion has been announced by J. H. Van Vleck at the Cleveland meeting of the American Physical Society, December 31, 1930.

If the perturbation function shows cubic symmetry, and in certain other special cases, the first-order perturbation energy is not effective in destroying the orbital magnetic moment, for the eigenfunction $p_x \pm i\, p_y$ leads to the same first-order perturbation terms as p_x or p_y or any other combinations of them. In such cases the higher order perturbation energies are to be compared with the multiplet separation in the above criterion.

In linear molecules only the component of orbital momentum normal to the figure axis is destroyed, that along the figure axis being retained. In non-linear molecules with strong interatomic interactions the concept of orbital angular momentum loses its significance.

The rare-earth ions owe their magnetic moments to an incompleted $4f$ subshell, which lies within an outer shell of $5s$ and $5p$ electrons, and is thus protected from strong perturbations by surrounding atoms. As a consequence the orbital magnetic moment is not destroyed, and the ion is not affected by its environment. But in the iron-group ions and other transition-group ions the incompleted subshell is the outermost one. Hence it is not surprising that the solvent molecules or the surrounding atoms or ions in a complex ion or a crystal interact sufficiently strongly with these atoms or ions to destroy, in whole, or in part, the orbital magnetic moment, leaving the spin moment, with perhaps a small contribution from the orbital moment in border-line cases. We can state with certainty that the formation of electron-pair bonds will destroy the orbital moment.

This greatly simplifies the theory of the magnetic moments of molecules and complex ions. *The magnetic moment of a molecule or complex ion is determined entirely by the number of unpaired electrons, being equal to*

$$\mu_S = 2\sqrt{S(S+1)}$$

in which S is one-half that number. The factor 2 is the *g*-factor for electron spin.

As a matter of fact, Sommerfeld[42] in 1924, a year before Hund's treatment of the rare-earth ions, noticed that the observed magnetic moments of K^+ and Ca^{++}, Ca^+ (spectroscopic), Ca (spectroscopic), Cr^{3+}, Cr^{++}, Mn^{++}, Fe^{++}, Co^{++}, Ni^{++}, Cu^{++} and Cu^+ are approximately reproduced by the above equation with $S = 0, {}^1/_2, 1, {}^3/_2, 2, {}^5/_2, 2, {}^3/_2, 1, {}^1/_2$ and 0, respectively. But with the development of spectral theory he apparently gave up this simple formula because of lack of a theoretical derivation of it, and it remained for Bose[43] in 1927 to state explicitly the assumption that only S contributes to the moment in these cases, without, however, explaining why L gives no contribution, and for Stoner[40] in 1929 to supply the explanation. The comparison of calculated and observed values is given in Table I. It may be pointed out that S increases to a maximum value of ${}^5/_2$ when the $3d$ subgroup is half filled; Pauli's principle requires that succeeding electrons decrease the spin, so that μ_S is symmetrical about

[42] A. Sommerfeld, "Atombau," 4th ed., p. 639.

[43] D. M. Bose, *Z. Physik*, **43**, 864 (1927).

this point. The agreement with experiment, while much better than for μ_J, is not perfect; ions with more than five $3d$ electrons are found to have moments larger than μ_S, while V^{3+} deviates in the other direction. Bose suggested that perhaps S could in some cases exceed the maximum value allowed by Pauli's principle, but the obviously correct explanation is that the perturbing effect of surrounding atoms is not sufficient completely to destroy the L moment. Hence the observed moment should lie between μ_S and μ_J, which it does in every case.

Since the interaction is not strong enough to destroy the L moment, we conclude that in aqueous solution and in some crystalline salts the atoms[44] Fe^{II}, Co^{III}, Co^{II}, Ni^{II} and Cu^{II} do not form strong electron-pair bonds with H_2O, Cl, or certain other atoms, the bonds instead being ion-dipole or ionic bonds.

The formation of a stable coördination compound involving the four tetrahedral sp^3 eigenfunctions might decrease the L contribution appreciably. It was indeed pointed out by Bose that in the compounds listed in the last column of Table II the observed moments approach more closely the theoretical values μ_S.

The Magnetic Moments of Complexes with Electron-Pair Bonds.—The peculiar magnetic behavior of some complex ions has attracted much attention. $[Fe(CN)_6]^{3-}$ and $[Fe(CN)_6]^{4-}$, for example, have $\mu = 2.0$ and 0.00, respectively, instead of the values 5.9 and 4.9 for Fe^{3+} and Fe^{++}. Welo and Baudisch[45] and later Sidgwick and Bose expressed essentially the following rule: the magnetic moment of a complex is the same as that of the atom with the same number of electrons as the central atom of the complex, counting two for each electron-pair bond. Fe^{++} has 24 electrons; adding 12 for the six bonds gives 36, the electron number of krypton, so that the diamagnetism of the ferrocyanide ion is explained. This rule is satisfactory in many cases, but there are also many exceptions. Thus $[Ni(CN)_4]^{=}$ is diamagnetic, although the above rule would make it as paramagnetic as $[Ni(NH_3)_4]^{++}$.

The whole question is clarified when considered in relation to the foregoing quantum mechanical treatment of the electron-pair bond. For the iron-group elements the following rules follow directly from that treatment and from the rules of line spectroscopy.

1. *Bond eigenfunctions for iron-group atoms are formed from the nine eigenfunctions $3d^5$, $4s$ and $4p^3$, as described in preceding sections. One bond eigenfunction is needed for each electron-pair bond.*

2. *The remaining (unshared) electrons are to be introduced into the $3d$ eigenfunctions not involved in bond formation.*

[44] The symbol Fe^{II} is used for bivalent iron, etc., when the type of bond is undetermined.

[45] L. A. Welo and O. Baudisch, *Nature*, **116**, 606 (1925).

TABLE II

MAGNETIC MOMENTS OF IRON-GROUP IONS[a]

Ion	Normal state	μ_J	μ_S	Obs. moment in aqueous soln.	Solid salts, probable coördination number 6		Solid salts, coördination number	
K^+, Ca^{++}, Sc^{3+}, Ti^{4+}	$^1S_0$	0.00	0.00	0.00				
V^{4+}	$^2D_{3/2}$	1.55	1.73	1.7				
V^{3+}	$^3F_2$	1.63	2.83	2.4				
V^{++}, Cr^{3+}	$^4F_{3/2}$	0.78	3.88	3.8–3.9	$Cr_2O_3 \cdot 7H_2O$	3.85		
					$CrCl_3$	3.81		
Cr^{++}, Mn^{3+}	$^5D_0$	0.00	4.90	4.8–4.9				
Mn^{++}, Fe^{3+}	$^6S_{5/2}$	5.91	5.91	5.8	$MnCl_2$	5.75		
					$MnSO_4$	5.87		
					$MnSO_4 \cdot 4H_2O$	5.87		
					$Fe_2(SO_4)_3$	5.86		
					$(NH_4)_2Fe_2(SO_4)_4$	5.86		
Fe^{++}, Co^{3+}	$^5D_4$	6.76	4.90	5.3	$FeCl_2$	5.23	$Fe(N_2H_4)_2Cl_2$	4.87
					$FeCl_2 \cdot 4H_2O$	5.25		
					$FeSO_4$	5.26		
					$FeSO_4 \cdot 7H_2O$	5.25		
					$(NH_4)_2Fe(SO_4)_2 \cdot 6H_2O$	5.25		
Co^{++}	$^4F_{9/2}$	6.68	3.88	5.0–5.2	$CoCl_2$	5.04	$Co(N_2H_4)_2SO_3 \cdot H_2O$	4.31
					$CoSO_4$	5.04–5.25	$Co(N_2H_4)_2(CH_3COO)_2$	4.56
					$CoSO_4.7H_2O$	5.06	$Co(N_2H_4)_2Cl_2$	4.93
					$(NH_4)_2Co(SO_4)_2 \cdot 6H_2O$	5.00		
Ni^{++}	$^3F_4$	5.64	2.83	3.2	$NiCl_2$	3.24–3.42	$Ni(N_2H_4)_2SO_3$	3.20
					$NiSO_4$	3.42	$Ni(N_2H_4)_2(NO_2)_2$	2.80
							$Ni(NH_3)_4SO_4$	2.63
							$Ni(C_2H_4(NH_2)_2)_2(SCN)_2H_2O$	2.63
Cu^{++}	$^2D_{5/2}$	3.56	1.73	1.9–2.0	$CuCl_2$	2.02	$Cu(NH_3)_4(NO_3)_2$	1.82
					$CuSO_4$	2.01	$Cu(NH_3)_4SO_4 \cdot H_2O$	1.81
Cu^+, Zn^{++}	$^1S_0$	0.00	0.00	0.00				

[a] Observed magnetic moments, other than those in the last column, are from "International Critical Tables"

3. *The normal state is the state with the maximum resultant spin S allowed by Pauli's principle.*

These rules apply also to the palladium and platinum groups, the eigenfunctions involved being $4d^5 5s 5p^3$ and $5d^5 6s 6p^3$, respectively.

There are several important types of molecules and complexes to be given separate discussion.

If the bonds are ionic or ion-dipole bonds, the magnetic moments are those of the isolated central ions, given in the first column of moments in Table III. If the complex involves electron-pair bonds formed from sp^3 alone, such as four tetrahedral sp^3 bonds, the magnetic moments are the same, for the five d eigenfunctions are still available for the remaining electrons. The hydrazine and ammonia complexes mentioned above come in this class.

If four strong bonds involving a d eigenfunction are formed (giving a square configuration), only four d eigenfunctions are available for the additional electrons. The magnetic moments are then those given in the second column of the table. Examples of such compounds are $K_2Ni(CN)_4$, $K_2Pd(CN)_4 \cdot H_2O$, K_2PdCl_4, K_2PtCl_4, $K_2Pt(C_2O_4)_2 \cdot 2H_2O$ and $Pt(NH_3)_4SO_4$. With eight unshared d electrons, these should all be diamagnetic. This has been experimentally verified for the first and the last three compounds; data for the others are not available. The square configuration has been experimentally verified for the chloropalladites and chloroplatinites, as mentioned before. It can be predicted that in the $[Pt(C_2O_4)_2 \cdot 2H_2O]^{=}$ complex the two oxalate groups lie in a plane, each attached to the platinum atom by two electron-pair bonds of the type dsp^2. The two water molecules, if attached to the complex, are held by ion-dipole bonds.

In complexes in which the central atom forms a coördinated octahedron of six atoms or groups, the bonds may be any of several types. If they are all ionic or ion-dipole bonds, the moments are those in the first column. If four electron-pair bonds are formed, these must be dsp^2 and lie in a plane (sp^3 gives tetrahedral bonds); the $[Pt(C_2O_4)_2 \cdot 2H_2O]^{=}$ ion is of this type, assuming that the water molecules are part of the complex. The moments are then those of the second column. If six electron-pair bonds are formed, only three d eigenfunctions are left for the additional electrons, giving the magnetic moments of the third column. It is seen that in atoms with three or fewer unshared electrons magnetic data provide no information as to bond type with coördination number six, but that in other cases a definite statement can be made as to the type of bond when magnetic data are available. The observed magnetic moments are collected in Table IV. From them we deduce that trivalent and bivalent manganese, chromium, iron, and cobalt form six strong electron-pair bonds with cyanide groups, and in some cases with other groups, including NH_3, Cl and NO_2.[46] Tri-

[46] An electron-pair bond with a water molecule may perhaps be formed when induced by other strong bond-forming groups in the complex.

TABLE III

PREDICTED MAGNETIC MOMENTS OF COMPLEXES CONTAINING TRANSITION ELEMENTS

			For ion or $4sp^3$ bonds	For 4 dsp^2 bonds	For 6 d^2sp^3 bonds	For 8 d^4sp^3 bonds
K^{I} Ca^{II} Sc^{III} Ti^{IV}, etc.	Rb^{I} Sr^{II} Y^{III} Zr^{IV} Nb^{V} Mo^{VI}	Cs^{I} Ba^{II}—Hf^{IV} Ta^{V} W^{VI}	0.00	0.00	0.00	0.00
V^{IV}	Nb^{IV} Mo^{V}	W^{V}	1.73	1.73	1.73	1.73
V^{III} Cr^{IV}	Mo^{IV} Ru^{VI}	W^{IV} Os^{VI}	2.83	2.83	2.83	0.00
V^{II} Cr^{III} Mn^{IV}	Mo^{III}		3.88	3.88	3.88	
Cr^{II} Mn^{III} Fe^{IV}	Mo^{II} Ru^{IV}	Os^{IV}	4.90	4.90	2.83	
Mn^{II} Fe^{III} Co^{IV}	Ru^{III}	Os^{III} Ir^{IV}	5.91	3.88	1.73	
Fe^{II} Co^{III}	Ru^{II} Rh^{III} Pd^{IV}	Ir^{III} Pt^{IV}	4.90	2.83	0.00	
Co^{II} Ni^{III}	Rh^{II}		3.88	1.73		
Ni^{II}	Rh^{I} Pd^{II} Ag^{III}	Pt^{II} Au^{III}	2.83	0.00		
Cu^{II}			1.73			
Cu^{I} Zn^{II} Ca^{III} Ge^{IV}, etc.	Ag^{I} Cd^{II} In^{III} Sn^{IV} Sb^{V} Te^{VI}	Au^{I} Hg^{II} Tl^{III} Pb^{IV} Bi^{V} Po^{VI}	0.00			

valent iron apparently does not form electron-pair bonds with fluorine (in $[FeF_5 \cdot H_2O]^-$); although investigation of $(NH_4)_3FeF_6$ is to be desired in order to be sure of this conclusion. Ir^{III} and Pt^{IV} form six electron-pair bonds with Cl, NO_2 or NH_3.

TABLE IV

OBSERVED MAGNETIC MOMENTS OF COMPLEXES CONTAINING TRANSITION ELEMENTS[a]

	μ		μ
$K_3[Mn(CN)_6]$	3.01	$[Co(NH_3)_6]Cl_3$	0.00
$K_4[Cr(CN)_6]$	3.3	$[Co(NH_3)_5Cl]Cl_2$	.00
$K_3[Fe(CN)_6]$	2.0	$[Co(NH_3)_4Cl_2]Cl$	.00
$K_4[Mn(CN)_6]$	2.0	$[Co(NH_3)_3(NO_2)_3]$	.00
$K_4[Fe(CN)_6] \cdot 3H_2O$	0.00	$[Co(NH_3)_5H_2O]_2(C_2O_4)_3$	.00
$Na_3[Fe(CN)_5NH_3]$	.00		
$K_3[Co(CN)_6]$	.00	$K_2Ni(CN)_4$	0.00
$(NH_4)_2[FeF_5 \cdot H_2O]$	5.97	$K_2Ni(CN)_4 \cdot H_2O$	.00
$K_4[Mo(CN)_8]$	0.00	K_2PtCl_4	.00
$K_4[W(CN)_8] \cdot 2H_2O$	.00	$K_2Pt(C_2O_4)_2 \cdot 2H_2O$	.00
$Na_3[IrCl_2(NO_2)_4]$	.00	$Pt(NH_3)_4SO_4$	.00
$[Ir(NH_3)_5NO_2]Cl_2$	.00		
$[Ir(NH_3)_4(NO_2)_2]Cl$	.00	$Na_2[Fe(CN)_5NO] \cdot 2H_2O$	.00
$[Ir(NH_3)_3(NO_2)_3]$	.00	$[Ru(NH_3)_4 \cdot NO \cdot H_2O]Cl_3$	.00
$K_2[PtCl_6]$	.00	$[Ru(NH_3)_4 \cdot NO \cdot Cl]Br_2$	.00
$[Pt(NH_3)_6]Cl_4$	.00	$[Co(NH_3)_5NO]Cl_2$	2.81
$[Pt(NH_3)_5Cl]Cl_3$	.00		
$[Pt(NH_3)_4Cl_2]Cl_2$	.00	$Ni(CO)_4$	0.00
$[Pt(NH_3)_3Cl_3]Cl$	.00	$Fe(CO)_5$	.00
$[Pt(NH_3)_2Cl_4]$	.00	$Cr(CO)_6$	.00

[a] Values quoted are from "International Critical Tables" or from W. Biltz, *Z. anorg. Chem.*, **170**, 161 (1928), and D. M. Bose, *Z. Physik*, **65**, 677 (1930). I am indebted to Mr. P. D. Brass for collecting from the literature some of the data in this table.

The moments of complexes containing NO offer a puzzling problem. The diamagnetism of compounds of iron and ruthenium suggests that Fe^{IV} and Ru^{IV} form a double bond with NO, making seven bonds in all, which woud lead to $\mu = 0$. But this structure cannot be applied to $[Co(NH_3)_5$-$NO]Cl_2$, which has a moment corresponding to a triplet state. Further study of such complexes is needed.

The observed diamagnetism of the ions $[Mo(CN)_8]^{4-}$ and $[W(CN)_8]^{4-}$ shows that the central atom forms eight electron-pair bonds, involving the eigenfunctions d^4sp^3 (fourth column of Table III).

The metal carbonyls $Ni(CO)_4$, $Fe(CO)_5$, and $Cr(CO)_6$ are observed to be diamagnetic. This follows from the theoretical discussion if it is assumed that an electron-pair bond is formed with each carbonyl; for the nine eigenfunctions available ($3d^54s4p^3$) are completely filled by the n bonds and $2(9-n)$ additional electrons attached to the metal atom ($n = 4, 5, 6$). The theory also explains the observed composition of these unusual substances; for the formulas $M(CO)_n$, with $n = 4$, 5, and 6, respectively, follow at once from the assumption that CO molecules add on as long as bond eigenfunctions are available. Since a single unshared electron can occupy an eigenfunction, this assumption leads to the formula $Co(CO)_4$, which is known to be correct. This substance should have $\mu = 1.73$. The compounds $Mn(CO)_5$ and $V(CO)_6$ should also exist, and have $\mu = 1.73$. $Co(CO)_4$ and $Mn(CO)_5$ should form un-ionized diamagnetic cyanides, $[Co(CO)_4CN]$ and $[Mn(CO)_5CN]$, while $V(CO)_6$ would not form a stable cyanide, since steric effects would prevent the cyanide group from forming an electron-pair bond with the vanadium atom, and ionic cyanides are formed only by strong metals. It is interesting to note the effect of the four strong bond eigenfunctions and one weak one formed from dsp^3; whereas nickel forms no lower carbonyl than $Ni(CO)_4$, iron forms $Fe(CO)_4$ and $Fe_2(CO)_9$ in addition to $Fe(CO)_5$.

The palladium and platinum metals also form carbonyl compounds. Of the expected compounds $Pd(CO)_4$, $Pt(CO)_4$, $Ru(CO)_5$, $Os(CO)_5$, $Mo(CO)_6$, and $W(CO)_6$ only $Mo(CO)_6$ has been prepared, although some unsaturated ruthenium carbonyls have been prepared. The compounds $Pd(CO)_2Cl_2$, $Pt(CO)_2Cl_2$, $K[PtCOCl_3]$, etc., show the stability of the four dsp^2 bonds. It would be interesting to determine whether or not each CO is bonded to two metal atoms in compounds such as $[Pt(CO)Cl_2]_2$, whose structure is predicted to be

```
 :Cl:   . C::O:   :Cl:
 :   :Pt:       :Pt:   :
 :Cl:   :O::C.    :Cl:
```

with the whole molecule in one plane. The compounds $2PdCl_2 \cdot 3CO$ and $2PtCl_2 \cdot 3CO$ probably have the structure

```
            ..             ..
           :Cl:           :Cl:
  ..        ..       ..    ..        ..
 :O::C:Pt:C::O:Pt:C:::O:
            ..             ..
           :Cl:           :Cl:
            ..             ..
```

or one of the structures isomeric with this.

This by no means exhaustive discussion may serve to indicate the value of the information provided by magnetic data relative to the nature of the chemical bond. The quantum-mechanical rules for electron-pair bonds are essential to the treatment. Much further information is provided when these methods of attack are combined with crystal structure data, a topic which has been almost completely neglected in this paper. It has been found that the rules for electron-pair bonds permit the formulation of a set of structural principles for non-ionic inorganic crystals similar to that for complex ionic crystals; the statement of these principles and applications illustrating their use will be the subject of an article to be published in the *Zeitschrift für Kristallographie*.

Summary

With the aid of the quantum mechanics there is formulated a set of rules regarding electron-pair bonds, dealing particularly with the strength of bonds in relation to the nature of the single-electron eigenfunctions involved. It is shown that one single-electron eigenfunction on each of two atoms determines essentially the nature of the electron-pair bond formed between them; this effect is accentuated by the phenomenon of concentration of the bond eigenfunctions.

The type of bond formed by an atom is dependent on the ratio of bond energy to energy of penetration of the core (s–p separation). When this ratio is small, the bond eigenfunctions are p eigenfunctions, giving rise to bonds at right angles to one another; but when it is large, new eigenfunctions especially adapted to bond formation can be constructed. From s and p eigenfunctions the best bond eigenfunctions which can be made are four equivalent tetrahedral eigenfunctions, giving bonds directed toward the corners of a regular tetrahedron. These account for the chemist's tetrahedral atom, and lead directly to free rotation about a single bond but not about a double bond and to other tetrahedral properties. A single d eigenfunction with s and p gives rise to four strong bonds lying in a plane and directed toward the corners of a square. These are formed by bivalent nickel, palladium, and platinum. Two d eigenfunctions with s and p give six octahedral eigenfunctions, occurring in many complexes formed by transition-group elements.

It is then shown that (excepting the rare-earth ions) the magnetic moment of a non-linear molecule or complex ion is determined by the number of unpaired electrons, being equal to $\mu_S = 2\sqrt{S(S+1)}$, in which S is half that number. This makes it possible to determine from magnetic data which eigenfunctions are involved in bond formation, and so to decide between electron-pair bonds and ionic or ion-dipole bonds for various complexes. It is found that the transition-group elements almost without exception form electron-pair bonds with CN, ionic bonds with F, and ion-dipole bonds with H_2O; with other groups the bond type varies.

Examples of deductions regarding atomic arrangement, bond angles and other properties of molecules and complex ions from magnetic data, with the aid of calculations involving bond eigenfunctions, are given.

PASADENA, CALIFORNIA

위대한 논문과의 만남을 마무리하며

이 책은 양자화학의 창시자인 라이너스 폴링 박사의 1931년 논문에 초점을 맞추었다. 또한 이 논문이 나올 수 있게 한 1916년 루이스의 화학결합에 관한 논문도 다루었다.

양자화학을 이해하려면 양자역학에 대해 알아야 한다. 물리학의 새로운 혁명인 양자역학을 화학에 도입한 폴링의 도전은 완벽한 성공이었다. 양자역학은 새로운 연구 분야를 무궁무진하게 만들 수 있다. 젊은 과학도들이 자신의 연구 분야에만 머물지 않고 양자역학과 같은 첨단 물리학을 자신의 연구 분야에 융합해 새로운 과학장르를 탄생시키기를 바란다.

폴링의 양자화학 논문을 이해하려면 양자역학에 대한 지식이 필요하다. 양자역학을 공부하기 위한 책들로는 '노벨상 수상자들의 오리지널 논문으로 배우는 과학 시리즈'의 《양자혁명》, 《원자모형》, 《불확정성원리》, 《반입자》를 추천한다. 이 책은 어렵게만 느껴지는 양자화학의 이론을 조금이나마 이해할 수 있도록 쓴 책이다. 이 책을 통해 독자들이 양자화학의 신비에 푹 빠질 수 있으리라 생각한다.

역자역학을 이야기하려면 수식을 피할 수는 없는데, 이 책의 출판기획을 고려해 고등학교 수학 정도를 아는 사람이라면 이해할 수 있도록 처음 쓴 원고를 고치고 또 고치는 작업을 반복했다. 그렇게 하여 수식을 최대한 줄여보려고 했는데, 그래도 수식이 많은 게 사실이다.

그렇지만 수식을 좋아하는 사람들이 쉽게 따라갈 수 있도록 친절하게 다루어 보았다.

이 책을 쓰기 위해 20세기 초의 많은 논문들을 뒤적거렸다. 지금과는 완연히 다른 용어들과 기호들 때문에 많이 힘들었다. 특히 번역이 안 되어 있는 자료들이 많았는데, 불문과를 졸업한 아내의 도움으로 프랑스어 논문들을 조금은 이해할 수 있게 되었다.

이 책의 집필을 마치자마자 다시 양자전기역학에 대한 파인만의 오리지널 논문을 공부하며, 시리즈를 계속 이어 나갈 생각을 하니 새로운 즐거움이 샘솟는다. 저자가 느낀 이 즐거움을 독자 여러분이 공유할 수 있기를 바라며, 이제 힘들었지만 재미있었던 양자화학에 관한 논문들과의 씨름을 여기서 멈추려고 한다.

진주에서 정완상 교수

이 책을 위해 참고한 논문들

첫 번째 만남

[1] Antoine Lavoisier, Guyton de Morveau, Claude–Louis Berthollet, Antoine Fourcroy, Méthode de nomenclature chimique, Paris: Chez Cuchet, 1787.

[2] Antoine Lavoisier, Traité élémentaire de chimie, présenté dans un ordre nouveau et d'après les découvertes modernes, Paris: Chez Cuchet, 1789.

[3] Dalton, John, A new system of chemical philosophy, London, 1808.

[4] Sur la combinaison des substances gazeuses, les unes avec les autres, Mémoires de physique et de chimie de la Société d'Arcueil, vol. 2, 1809, 207–34.

[5] Avogadro, Amadeo, Essai d'une maniere de determiner les masses relatives des molecules elementaires des corps, et les proportions selon lesquelles elles entrent dans ces combinaisons. Journal de Physique, de Chimie, et d'Histoire Naturelle, French, 1811, 73 : 58-76.

[6] Émile Clapeyron, Mémoire sur la puissance motrice de la chaleur, Journal de l'École Royale Polytechnique, Paris,

Imprimerie Royale, t. XIV, 23rd notebook, 1834, 153-190.

두 번째 만남

[1] A. S. Couper, Sur une nouvelle théorie chimique(On a new chemical theory), Comptes rendus, 1858, 46 : 1157–1160.

[2] A. Crum Brown, On the Theory of Isomeric Compounds, Transactions of the Royal Society of Edinburgh, 1864, 23 : 707-719.

[3] Aug. Kekulé, Sur la constitution des substances aromatiques, Bulletin de la Société Chimique de Paris, 1865, 3(2): 98-110.

세 번째 만남

[1] Gilbert N. Lewis, The Atom and The Molecule, J. Am. Chem. Soc, 1916, 38(4): 762-785.

네 번째 만남

[1] M. Planck, Über eine Verbesserung der Wienschen Spektralgleichung, Verhandlungen der Deutschen Physikalischen Gesellschaft, 1900, 2, 202.

[2] M. Planck, Zur Theorie des Gesetzes der Energieverteilung im Normalspectrum, Verhandlungen der Deutschen Physikalischen Gesellschaft, 1900, 2, 237.

[3] M. Planck, Entropie und Temperatur strahlender Wärme, Annalen der Physik, 1900, 306, 719.
[4] Heisenberg, W., Über quantentheoretische Umdeutung kinematischer und mechanischer Beziehungen, Zeitschrift für Physik, 1925, 33 (1): 879-893.
[5] E. Schrödinger, An Undulatory Theory of the Mechanics of Atoms and Molecules, Phys. Rev. 1926, 28, 1049.
[6] Born, M.; Jordan, P., Zur Quantenmechanik. Zeitschrift für Physik, 1925, 34 (1): 858-888.

다섯 번째 만남

[1] Max Born; J. Robert Oppenheimer, Zur Quantentheorie der Molekeln [On the Quantum Theory of Molecules]. Annalen der Physik (in German). 1927. 389 (20): 457-484.
[2] F. Hund, Zur Deutung der Molekelspektren, Zeitschrift für Physik, Part I, 1927, vol. 40, pages 742–764; Part II, 1927, vol. 42, pages 93-120; Part III, 1927, vol. 43, pages 805–826; Part IV, 1928, vol. 51, pages 759–795; Part V, 1930, vol. 63, pages 719–751.
[3] Mulliken, Robert S, Electronic States and Band Spectrum Structure in Diatomic Molecules. IV. Hund's Theory; Second Positive Nitrogen and Swan Bands; Alternating Intensities,

Physical Review, 29, 1927, 637-649.

[4] L. Pauling, The Nature of the Chemical Bond. I. Application of Results Obtained from the Quantum Mechanics and from a Theory of Paramagnetic Susceptibility to the Structure of Molecules, Journal of the American Chemical Society, 1931, 53 (4): 1367-1400.

[5] L. Pauling, The Nature of the Chemical Bond. II. The One–Electron Bond and the Three–Electron Bond, Journal of the American Chemical Society, 1931, 53 (9): 3,225-3,237.

[6] L. Pauling, The Nature of the Chemical Bond. III. The Transition from One Extreme Bond Type to Another, Journal of the American Chemical Society, 193254 (3): 988-1003.

[7] L. Pauling, The Nature of the Chemical Bond. IV. The Energy of Single Bonds and the Relative Electronegativity of Atoms, Journal of the American Chemical Society, 1932, 54 (9): 3,570-3,582.

수식에 사용하는 그리스 문자

대문자	소문자	읽기	대문자	소문자	읽기
A	α	알파(alpha)	N	ν	뉴(nu)
B	β	베타(beta)	Ξ	ξ	크시(xi)
Γ	γ	감마(gamma)	O	o	오미크론(omicron)
Δ	δ	델타(delta)	Π	π	파이(pi)
E	ε	엡실론(epsilon)	P	ρ	로(rho)
Z	ζ	제타(zeta)	Σ	σ	시그마(sigma)
H	η	에타(eta)	T	τ	타우(tau)
Θ	θ	세타(theta)	Y	υ	입실론(upsilon)
I	ι	요타(iota)	Φ	φ	피(phi)
K	κ	카파(kappa)	X	χ	키(chi)
Λ	λ	람다(lambda)	Ψ	ψ	프시(psi)
M	μ	뮤(mu)	Ω	ω	오메가(omega)

노벨 화학상 수상자들을 소개합니다

이 책에 언급된 노벨상 수상자는 이름 앞에 ★로 표시하였습니다.

연도	수상자	수상 이유
1901	야코뷔스 헨드리퀴스 호프	용액의 삼투압과 화학적 역학의 법칙을 발견함으로써 그가 제공한 탁월한 공헌을 인정하여
1902	에밀 헤르만 피셔	당과 푸린 합성에 대한 연구로 그가 제공한 탁월한 공헌을 인정하여
1903	★스반테 아우구스트 아레니우스	전기분해 해리 이론으로 화학 발전에 기여한 탁월한 공헌을 인정하여
1904	윌리엄 램지	공기 중 불활성 기체 원소를 발견하고 주기율표에서 원소의 위치를 결정한 공로를 인정받아
1905	요한 프리드리히 빌헬름 아돌프 폰 베이어	유기 염료 및 하이드로 방향족 화합물에 대한 연구를 통해 유기 화학 및 화학 산업 발전에 기여한 공로
1906	앙리 무아상	불소 원소의 연구 및 분리, 그리고 그의 이름을 딴 전기로를 과학에 채택한 공로를 인정하여
1907	에두아르트 부흐너	생화학 연구 및 무세포 발효 발견
1908	★어니스트 러더퍼드	원소 분해와 방사성 물질의 화학에 대한 연구
1909	★빌헬름 오스트발트	촉매 작용에 대한 그의 연구와 화학 평형 및 반응 속도를 지배하는 기본 원리에 대한 연구를 인정
1910	오토 발라흐	지환족 화합물 분야의 선구자적 업적을 통해 유기 화학 및 화학 산업에 기여한 공로를 인정받아
1911	★마리 퀴리	라듐 및 폴로늄 원소 발견, 라듐 분리 및 이 놀라운 원소의 성질과 화합물 연구를 통해 화학 발전에 기여한 공로
1912	빅토르 그리냐르	최근 유기 화학을 크게 발전시킨 소위 그리냐르 시약의 발견
	폴 사바티에	미세하게 분해된 금속이 있는 상태에서 유기 화합물을 수소화하는 방법으로 최근 몇 년 동안 유기 화학이 크게 발전한 데 대한 공로

1913	알프레트 베르너	분자 내 원자의 결합에 대한 그의 업적을 인정하여. 이전 연구에 새로운 시각을 제시하고 특히 무기 화학 분야에서 새로운 연구 분야를 연 공로
1914	★윌리엄 리처즈	수많은 화학 원소의 원자량을 정확하게 측정한 공로
1915	리하르트 빌슈테터	식물 색소, 특히 엽록소에 대한 연구
1916	수상자 없음	
1917	수상자 없음	
1918	프리츠 하버	원소로부터 암모니아 합성
1919	수상자 없음	
1920	★발터 헤르만 네른스트	열화학 분야에서의 업적 인정
1921	프레더릭 소디	방사성 물질의 화학 지식과 동위원소의 기원과 특성에 대한 연구에 기여한 공로
1922	프랜시스 윌리엄 애스턴	질량 분광기를 사용하여 많은 수의 비방사성 원소에서 동위원소를 발견하고 정수 규칙을 발표한 공로
1923	프리츠 프레글	유기 물질의 미세 분석 방법 발명
1924	수상자 없음	
1925	리하르트 아돌프 지그몬디	콜로이드 용액의 이질적 특성을 입증하고 이후 현대 콜로이드 화학의 기본이 된 그가 사용한 방법에 대한 공로
1926	테오도르 스베드베리	분산 시스템에 대한 연구
1927	하인리히 빌란트	담즙산 및 관련 물질의 구성에 대한 연구
1928	아돌프 빈다우스	스테롤의 구성 및 비타민과의 연관성에 대한 연구
1929	아서 하든 한스 폰 오일러켈핀	당과 발효 효소의 발효에 대한 연구
1930	한스 피셔	헤민과 엽록소의 구성, 특히 헤민 합성에 대한 연구
1931	카를 보슈 프리드리히 베르기우스	화학적 고압 방법의 발명과 개발에 기여한 공로를 인정받아
1932	어빙 랭뮤어	표면 화학에 대한 발견과 연구

1933	수상자 없음	
1934	해럴드 클레이턴 유리	중수소 발견
1935	장 프레데리크 졸리오퀴리	새로운 방사성 원소의 합성을 인정하여
	이렌 졸리오퀴리	
1936	피터 디바이	쌍극자 모멘트와 가스 내 X선 및 전자의 회절에 대한 연구를 통해 분자 구조에 대한 지식에 기여
1937	월터 노먼 하스	탄수화물과 비타민 C에 대한 연구
	파울 카러	카로티노이드, 플래빈, 비타민 A 및 B2에 대한 연구
1938	리하르트 쿤	카로티노이드와 비타민에 대한 연구
1939	아돌프 부테난트	성호르몬 연구
	레오폴트 루지치카	폴리메틸렌 및 고급 테르펜에 대한 연구
1940	수상자 없음	
1941	수상자 없음	
1942	수상자 없음	
1943	게오르크 카를 폰 헤베시	화학 연구에서 추적자로서 동위원소를 사용
1944	오토 한	무거운 핵분열 발견
1945	아르투리 일마리 비르타넨	농업 및 영양 화학, 특히 사료 보존 방법에 대한 연구 및 발명
1946	제임스 배철러 섬너	효소가 결정화될 수 있다는 것을 발견
	존 하워드 노스럽	순수한 형태의 효소와 바이러스 단백질 제조
	웬들 메러디스 스탠리	
1947	로버트 로빈슨	생물학적으로 중요한 식물성 제품, 특히 알칼로이드에 대한 연구
1948	아르네 티셀리우스	전기영동 및 흡착 분석 연구, 특히 혈청 단백질의 복잡한 특성에 관한 발견
1949	윌리엄 프랜시스 지오크	화학 열역학 분야, 특히 극도로 낮은 온도에서 물질의 거동에 관한 공헌

1950	오토 파울 헤르만 딜스 쿠르트 알더	다이엔 합성의 발견 및 개발
1951	에드윈 매티슨 맥밀런 글렌 시어도어 시보그	초우라늄 원소의 화학적 발견
1952	아처 존 포터 마틴 리처드 로런스 밀링턴 싱	분할 크로마토그래피 발명
1953	헤르만 슈타우딩거	고분자 화학 분야에서의 발견
1954	★라이너스 칼 폴링	화학 결합의 특성에 대한 연구와 복합 물질의 구조 해명에 대한 응용
1955	빈센트 뒤비뇨	생화학적으로 중요한 황 화합물, 특히 폴리펩타이드 호르몬의 최초 합성에 대한 연구
1956	시릴 노먼 힌셜우드 니콜라이 니콜라예비치 세묘노프	화학 반응 메커니즘에 대한 연구
1957	알렉산더 로버터스 토드	뉴클레오타이드 및 뉴클레오타이드 보조 효소에 대한 연구
1958	★프레더릭 생어	단백질 구조, 특히 인슐린 구조에 관한 연구
1959	야로슬라프 헤이로프스키	폴라로그래피 분석 방법의 발견 및 개발
1960	윌러드 프랭크 리비	고고학, 지질학, 지구 물리학 및 기타 과학 분야에서 연령 결정을 위해 탄소-14를 사용한 방법
1961	멜빈 캘빈	식물의 이산화탄소 흡수에 대한 연구
1962	맥스 퍼디낸드 퍼루츠 존 카우더리 켄드루	구형 단백질 구조 연구
1963	카를 치글러 줄리오 나타	고분자 화학 및 기술 분야에서의 발견
1964	도러시 크로풋 호지킨	중요한 생화학 물질의 구조를 X선 기술로 규명한 공로
1965	로버트 번스 우드워드	유기 합성 분야에서 뛰어난 업적

1966	★로버트 멀리컨	분자 오비탈 방법에 의한 분자의 화학 결합 및 전자 구조에 관한 기초 연구
1967	만프레트 아이겐	매우 짧은 에너지 펄스를 통해 평형을 교란함으로써 발생하는 매우 빠른 화학 반응에 대한 연구
	로널드 노리시	
	조지 포터	
1968	라르스 온사게르	비가역 과정의 열역학에 기초가 되는 그의 이름을 딴 상호 관계 발견
1969	데릭 바턴	형태 개념의 개발과 화학에서의 적용에 기여한 공로
	오드 하셀	
1970	루이스 페데리코 를루아르	당 뉴클레오타이드와 탄수화물 생합성에서의 역할 발견
1971	게르하르트 헤르츠베르크	분자, 특히 자유 라디칼의 전자 구조 및 기하학에 대한 지식에 기여한 공로
1972	크리스천 베이머 안핀슨	리보뉴클레아제, 특히 아미노산 서열과 생물학적 활성 형태 사이의 연결에 관한 연구
	스탠퍼드 무어	화학 구조와 리보뉴클레아제 분자 활성 중심의 촉매 활성 사이의 연결 이해에 기여
	윌리엄 하워드 스타인	
1973	에른스트 오토 피셔	소위 샌드위치 화합물이라고 불리는 유기 금속의 화학에 대해 독립적으로 수행한 선구적인 연구
	제프리 윌킨슨	
1974	폴 존 플로리	고분자 물리 화학의 이론 및 실험 모두에서 기본적인 업적을 달성하여
1975	존 워컵 콘포스	효소 촉매 반응의 입체 화학 연구
	블라디미르 프렐로그	유기 분자 및 반응의 입체 화학 연구
1976	윌리엄 넌 립스컴	화학 결합 문제를 밝히는 보레인의 구조에 대한 연구
1977	일리야 프리고진	비평형 열역학, 특히 소산 구조 이론에 기여
1978	피터 미첼	화학 삼투 이론 공식화를 통한 생물학적 에너지 전달 이해에 기여
1979	허버트 브라운	각각 붕소 함유 화합물과 인 함유 화합물을 유기 합성의 중요한 시약으로 개발한 공로
	게오르크 비티히	

1980	폴 버그	특히 재조합 DNA와 관련하여 핵산의 생화학에 대한 기초 연구
	월터 길버트	핵산의 염기 서열 결정에 관한 공헌
	★프레더릭 생어	
1981	후쿠이 겐이치	화학 반응 과정과 관련하여 독자적으로 개발한 이론
	로알드 호프만	
1982	에런 클루그	결정학 전자 현미경 개발 및 생물학적으로 중요한 핵산-단백질 복합체의 구조 규명
1983	헨리 타우버	금속 착물에서 전자 이동 반응 메커니즘에 대한 연구
1984	로버트 브루스 메리필드	고체 매트릭스에서 화학 합성을 위한 방법론 개발
1985	허버트 하우프트먼	결정 구조 결정을 위한 직접적인 방법 개발에서 뛰어난 업적
	제롬 칼	
1986	더들리 허슈바크	화학 기본 프로세스의 역학에 관한 기여
	리위안저	
	존 폴라니	
1987	도널드 제임스 크램	높은 선택성의 구조 특이적 상호 작용을 가진 분자의 개발 및 사용
	장마리 렌	
	찰스 피더슨	
1988	요한 다이젠호퍼	광합성 반응 센터의 3차원 구조 결정
	로베르트 후버	
	하르트무트 미헬	
1989	시드니 올트먼	RNA의 촉매 특성 발견
	토머스 체크	
1990	일라이어스 제임스 코리	유기 합성 이론 및 방법론 개발
1991	리하르트 에른스트	고해상도 핵자기 공명(NMR) 분광법의 개발에 기여
1992	루돌프 마커스	화학 시스템의 전자 전달 반응 이론에 대한 공헌

1993	캐리 멀리스	DNA 기반 화학 분야에서의 방법론 개발, 특히 중합 효소 연쇄 반응(PCR) 방법의 발명
	마이클 스미스	DNA 기반 화학 분야에서의 방법론 개발, 특히 올리고뉴클레오타이드 기반의 부위 지정 돌연변이 유발 및 단백질 연구 개발에 근본적인 기여
1994	조지 올라	탄소양이온 화학에 기여
1995	파울 크뤼천	대기 화학, 특히 오존의 형성 및 분해에 관한 연구
	마리오 몰리나	
	셔우드 롤런드	
1996	로버트 컬	풀러렌 발견
	해럴드 크로토	
	리처드 스몰리	
1997	폴 보이어	아데노신삼인산(ATP) 합성의 기본이 되는 효소 메커니즘 해명
	존 워커	
	옌스 스코우	이온 수송 효소인 Na+, K+ –ATPase의 최초 발견
1998	월터 콘	밀도 함수 이론 개발
	존 포플	양자 화학에서의 계산 방법 개발
1999	아메드 즈웨일	펨토초 분광법을 사용한 화학 반응의 전이 상태 연구
2000	앨런 히거	전도성 고분자의 발견 및 개발
	앨런 맥더미드	
	시라카와 히데키	
2001	윌리엄 놀스	키랄 촉매 수소화 반응에 대한 연구
	노요리 료지	
	배리 샤플리스	키랄 촉매 산화 반응에 대한 연구
2002	존 펜	생물학적 고분자의 식별 및 구조 분석 방법 개발 (질량 분광 분석을 위한 연성 탈착 이온화 방법 개발)
	다나카 고이치	
	쿠르트 뷔트리히	생물학적 고분자의 식별 및 구조 분석 방법 개발 (용액에서 생물학적 고분자의 3차원 구조를 결정하기 위한 핵자기 공명 분광법 개발)

2003	피터 아그리	세포막의 채널에 관한 발견(수로 발견)
	로더릭 매키넌	세포막의 채널에 관한 발견 (이온 채널의 구조 및 기계론적 연구)
2004	아론 치에하노베르	유비퀴틴 매개 단백질 분해의 발견
	아브람 헤르슈코	
	어윈 로즈	
2005	이브 쇼뱅	유기 합성에서 복분해 방법 개발
	로버트 그럽스	
	리처드 슈록	
2006	로저 콘버그	진핵생물의 유전 정보 전사의 분자적 기초에 관한 연구
2007	게르하르트 에르틀	고체 표면의 화학 공정 연구
2008	시모무라 오사무	녹색 형광 단백질(GFP)의 발견 및 개발
	마틴 챌피	
	로저 첸	
2009	벤카트라만 라마크리슈난	리보솜의 구조와 기능 연구
	토머스 스타이츠	
	아다 요나트	
2010	리처드 헥	유기 합성에서 팔라듐 촉매 교차 결합 연구
	네기시 에이이치	
	스즈키 아키라	
2011	단 셰흐트만	준결정의 발견
2012	로버트 레프코위츠	G 단백질의 결합 수용체 연구
	브라이언 코빌카	
2013	마르틴 카르플루스	복잡한 화학 시스템을 위한 멀티스케일 모델 개발
	마이클 레빗	
	아리에 와르셸	

2014	에릭 베치그	초고해상도 형광 현미경 개발
	슈테판 헬	
	윌리엄 머너	
2015	토마스 린달	DNA 복구에 대한 기계론적 연구
	폴 모드리치	
	아지즈 산자르	
2016	장피에르 소바주	분자 기계의 설계 및 합성
	프레이저 스토더트	
	베르나르트 페링하	
2017	자크 뒤보셰	용액 내 생체 분자의 고해상도 구조 결정을 위한 극저온 전자 현미경 개발
	요아힘 프랑크	
	리처드 헨더슨	
2018	프랜시스 아널드	효소의 유도 진화
	조지 스미스	펩타이드 및 항체의 파지 디스플레이
	그레고리 윈터	
2019	존 구디너프	리튬 이온 배터리 개발
	스탠리 휘팅엄	
	요시노 아키라	
2020	에마뉘엘 샤르팡티에	게놈 편집 방법 개발
	제니퍼 다우드나	
2021	베냐민 리스트	비대칭 유기 촉매의 개발
	데이비드 맥밀런	
2022	캐럴린 버토지	클릭 화학 및 생체 직교 화학 개발
	모르텐 멜달	
	배리 샤플리스	

2023	문지 바웬디	양자점의 합성과 조작 방법 개발
	루이스 브루스	
	알렉세이 예키모프	
2024	데이비드 베이커	AI '알파폴드(AlphaFold)'를 개발해 단백질의 복잡한 구조를 분석
	데미스 하사비스	
	존 점퍼